多糖『与』健康
调养免疫

主　编　秦志海

副主编　顾　漩　朱　颖

中国健康传媒集团
中国医药科技出版社

内容提要

几乎所有的疾病都与人体的免疫功能有关。免疫系统是如何运作的？中医学和现代医学研究对免疫功能调节有什么新的发现？我们该如何调养免疫从而拥有健康体魄呢？

本书以通俗易懂的语言、图文并茂的形式介绍了人体免疫系统对健康的重要性，中医学“治未病”的思想，以及中草药多糖与人体免疫功能的关系，对以上问题给予解答，既有免疫学和中医学相关的科学知识，又有实用性的日常养护指导，希望可以帮助读者更好地维护自身免疫系统，享受健康生活。

图书在版编目（CIP）数据

调养免疫：多糖与健康 / 秦志海主编 . —北京：中国医药科技出版社，2020.6
ISBN 978 – 7 – 5214 – 1802 – 6

Ⅰ . ①调⋯　Ⅱ . ①秦⋯　Ⅲ . ①免疫 – 普及读物　Ⅳ . ① Q939.91–49

中国版本图书馆 CIP 数据核字（2020）第 079767 号

美术编辑　陈君杞
版式设计　北京兰卡宏图图文设计有限公司

出版　**中国健康传媒集团** | 中国医药科技出版社
地址　北京市海淀区文慧园北路甲 22 号
邮编　100082
电话　发行：010–62227427　邮购：010–62236938
网址　www.cmstp.com
规格　880 × 1230mm $^{1}/_{32}$
印张　3 $^{1}/_{4}$
字数　66 千字
版次　2020 年 6 月第 1 版
印次　2020 年 8 月第 5 次印刷
印刷　北京盛通印刷股份有限公司
经销　全国各地新华书店
书号　ISBN 978–7–5214–1802–6
定价　25.00 元

获取新书信息、投稿、为图书纠错，请扫码联系我们。

前言

《道枢》有言："夫长生者，神与形俱全者也……形器者，性之府也。形器败，则性无所存矣。养神不养形，犹毁宅而露居者欤！"意思是说，我们的身体好像一间屋舍，神识居于其中，如果只关注提升自己的心性，却不注重养生，就像是拆毁房子睡在露天了！爱惜身体、注重养生，是中华文化中长久以来的传统。经过数千年的实践，先人掌握了很多调养身体的技巧，中医学便是多年以来临床实践、理论认知的集合。

中医学理论源于中国传统哲学，以"天人合一"贯穿始终。"天人合一"有着几层意思：首先我们的人体如同完备的宇宙，五脏六腑各司其职，彼此协调不可分离；其次，人体的运转与天地运行的"道"相合，五行相生、阴阳相济、四时交替乃至天象变动，这些都能够体现在人体的生理规律中。正因为此，中医疗病，几乎不会局限于某个具体的脏器或者组织。譬如眼睛红肿干涩，中医会仔细辨证，考虑是否肝火所致、实火还是虚火？通过解决内脏的问题，来拔除体现于体表的病症。

现代医学则正相反，擅长"于细微处见精神"。同样是眼睛红肿干涩，西医通常会考虑是否病毒或者细菌感染所致？细菌感染应当采用何种抗生素？病毒感染则应当使用什么样的抗炎疗法？相较于中医学的整体观，西医的治疗常常会落实到微生物、细胞甚至分子层面，讲究精准高效。关注细节当然是有效的，随着现代医学的进步，人类寿命逐渐延长，但“只见树木，不见森林”的思维方法也限制了西医在某些方面的疗效。好在，随着科学的发展，分子、细胞、组织构成的局部网络渐渐彼此相连，从“见微”到“知著”，恰与中医学整体观不谋而合。

将中医所代表的古老哲学与西医所代表的现代科学相结合，免疫学无疑是一个极好的切入点。人体的免疫系统由无数精细的结构与通路交联形成，任何一部分都不可须臾分离。研究免疫系统的平衡、与外界的互动，是现代医学不断进展的基础，也为中医学“治未病”“扶正祛邪”提供了新的阐释。本书旨在以通俗的语言介绍免疫学的基础知识，讲解改善身体条件的一些方法。同时，随着研究的深入，越来越多来源于中草药多糖的活性功能（如免疫激活、抗病毒、抗肿瘤等）被陆续报道，本书也将通过图文并茂的形式对中草药多糖与人类健康的关系进行深入浅出的介绍。

不过，深耕于免疫学领域的笔者毕竟不是临床医生，我们的阐述仅仅限于理论层面，理论固然可以发挥想象，在不断求索中进行修正。但若涉及具体疾病的治疗方案，还请读者们切记谨遵医嘱。

最后，衷心感谢在本书创作过程中林晓亮、陶宁、刘硕、陈伟鸿、郑彦懿、何文江、夏祖猛等协助收集资料。希望各位读者提出宝贵意见，并祝愿大家收获健康、人生美满。

编者

2020 年 3 月

目 录

第一章 免疫很重要

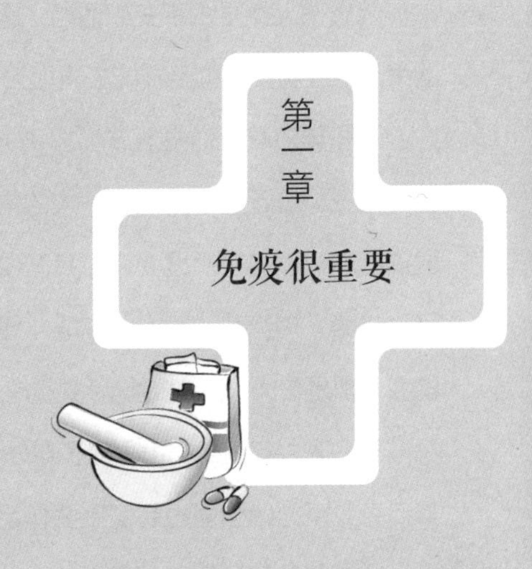

免疫力与疾病

健康是人类亘古不变的话题，医学研究表明，人体罹患的大部分疾病都与免疫系统失调相关。

近些年随着人们生活节奏加快，暴饮暴食、睡眠不足、精神紧张、缺乏运动成为很多人的常态。与此同时，人们的健康状态也出现了明显变化，我国慢性病患病人群正呈现年轻化趋势。梅艳芳、罗京、李咏、傅彪、姚贝娜等我们熟悉的名人都是在风华正茂的年龄被疾病无情击倒，英年早逝。

很多人中年患病离世，除了与外界高压的生存环境有关，其自身免疫力的强弱也起到重要作用。机体具有良好的免疫力，能够帮助我们抵御外界各种细菌、真菌、病毒的干扰。当机体免疫力低下时，外界的不良环境更容易使机体致病。2019 年的新型冠状病毒传播速度快、范围广，引发全球疫情，但受到病毒感染的人群表现并不相同。部分人群由于自身免疫力不够强大，加之同时自身患有基础代谢病，被感染后往往致死率极高，而部分轻症患者，在病毒进

入机体后，借助自身免疫力，依靠机体免疫系统将病毒消灭，身体很快得以恢复。因此，保持自身正常免疫力是防止病毒感染的最好武器。

人体良好的免疫力不仅能够预防各类病原微生物的感染，降低患病率，而且在面对重症时能给身体提供更好的保护。2017 年世界顶尖学术杂志《Nature》的一篇报道很好地证实了这一点。该项研究调查了 82 位生存时间超过 6 年的胰腺癌患者，发现他们的抗癌免疫反应更强，而抗癌免疫力较弱的 68 位普通病患者，平均生存期只有 9.6 个月，远远低于超长生存患者。通过仔细对比发现：生存周期超过 6 年的患者比普通病患者多 3 倍的 $CD8^+$ T 细胞，这些 T 细胞 90% 以上对癌细胞具备攻击能力；生存周期较长的患者能够产生更多的新生抗原，使机体免疫系统更有效地发挥识破和攻击作用。这说明或许抗癌免疫反应越强，患者拥有更长生存期的机会越大。

免疫力的差异会对健康产生重大影响，提高机体免疫力有助于更好地预防疾病，以及减轻疾病对于机体的损伤，最大限度恢复身体功能。

免疫的变化

一般而言，健康机体的免疫系统处于平衡状态，对疾病具有一定的抵抗力。但是，人们从出生到衰老的整个生命历程中，免疫力并非是一成不变的。从个体发育来看，人的免疫力是一个逐渐完善后慢慢退化的过程。

出生时，婴儿接触母亲的肠道共生细菌，离开母体后又接触大量的环境抗原，婴儿的免疫系统需要迅速改变。

婴儿时期，免疫功能尚未健全，通过母乳喂养从母亲那里得到保护力。

儿童时期，免疫系统已经初步发育，但尚未成熟。各种污染、学习和心理压力、不良饮食习惯等会对儿童免疫功能造成不良影响。及时接种疫苗能大大降低相应疾病的患病概率。

儿童、年长者和亚健康人群，以及某些疾病治疗或恢复期的人群，不同程度地存在免疫功能相对不足，关注其免疫力调节有益于保持或恢复健康状态。一项流行病学研究发现，在流行性感冒肆虐期间，儿童与老年人的死亡率最高，中青年的死亡率相比较低，但也不能忽视这部分“身强体壮”人群的死亡率，他们有可能就属于免疫功能相对不足的亚健康人群，导致对某些流行性传染病易感。

青壮年时期，人体的免疫功能最为完善，这个时期的患病机会相对较小。但现代工作、生活的快节奏和高压力导致处于亚健康的人越来越多。亚健康状态下的免疫功能会失调或不足，进而可能引发疾病。

老年时期，身体各种器官和组织萎缩，再生恢复能力降低，导致生理功能降低。免疫功能下降除了表现为体弱多病外，肿瘤的高发率也是重要表现。

因此，提高免疫力有利于疾病的防御。国家推广的结核、脊髓灰质炎、百白破和麻疹等疫苗接种就是提高整个人群对特定传染病的免疫力，因为绝大多数人都易感染这些传染病。当流感流行时，接种相应的疫苗也是出于类似目的。但免疫接种所预防的疾病种类是非常有限的，许多常见病、多发病是不能通过免疫接种来预防的。相比预防接种，通过日常保健来强化免疫力更为重要，例如可通过调节日常作息、合理膳食和运动等措施恢复或提高免疫力。

第二章

什么是免疫

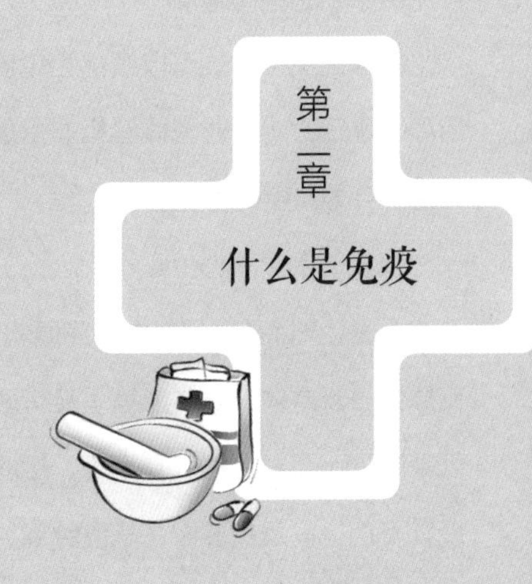

免疫系统是如何工作的

- 免疫系统的基本功能

机体的免疫功能可以概括为免疫防御、免疫监视和免疫自稳，这三大功能对人体健康非常重要，任何一项功能出现异常都会导致疾病的发生。

免疫防御（immune defense）：主要是防止外界病原体的入侵、清除已入侵机体的病原体（如细菌、病毒、真菌、支原体、衣原体、寄生虫等）及有害物质。免疫防御功能过低或缺失，可发生免疫缺陷病，如遗传因素相关的原发性免疫缺陷病，以及由感染、恶性肿瘤、自身免疫性疾病等因素导致的继发性免疫缺陷病；但若应答过强或持续时间过长，则在清除病原体的同时，也可导致机体的组织损伤或功能异常，发生超敏反应，比如青霉素过敏性休克、过敏性鼻炎、过敏性胃肠炎、湿疹等。

免疫监视（immune surveillance）：当体内有突变细胞或病毒感染细胞时，免疫系统的监视功能就会发挥作用，找到并清除这些恶变细胞。免疫监视功能低下的话，恶变细胞或病毒感染细胞不能被及时清除，可能导致恶性肿瘤的发生，病毒感染情况可能持续或加重。

免疫自稳（immune homeostasis）：一般情况下，免疫系统有区别“自我”和“非我”的能力，对自身组织细胞不产生免疫应答。同时免疫系统存在着极其复杂而有效的精细调节网络，将体内衰老坏死的细胞清理出去，维持免疫系统的相对稳定。机体通过免疫应答和免疫调节两种主要的机制来达到免疫系统内环境的稳定。一旦免疫应答被打破或者免疫调节功能紊乱，会导致自身免疫病的发生。

- 免疫系统与病原微生物的生死之战

根据免疫系统进化、发育和免疫效应机制特征，通常将免疫应答分为固有免疫应答（innate immune response）和适应性免疫应答（adaptive immune response）两类。

固有免疫应答和适应性免疫应答的区别

	固有免疫应答	适应性免疫应答
获得形式	固有性（或先天性）	后天获得
抗原参与	无需抗原激发	需抗原激发
发挥作用时间	早期，即时应答	迟发应答（3～5天）
免疫原识别受体	模式识别受体	T细胞受体、B细胞受体
免疫记忆	无	有，产生记忆细胞
参与成分	抑菌、杀菌物质，补体，细胞因子，吞噬细胞，自然杀伤细胞（NK细胞），NKT细胞，树突状细胞	T细胞（细胞免疫—效应T细胞等），B细胞（体液免疫—抗体），免疫球蛋白

固有免疫是抵御感染的第一道防线

固有免疫可以非特异性地防御各种病原微生物入侵，一般在感染早期执行功能。执行固有免疫功能的包括皮肤、黏膜的物理屏障及局部抑菌物质的化学屏障；血液及组织液中的免疫分子，如补体；免疫细胞，如可以吞噬病原体的吞噬细胞和具有杀伤作用的自然杀伤细胞（NK细胞）。

固有免疫应答相当迅速，在病原微生物入侵机体的几个小时内就能够做出有效的应答反应。固有免疫是宿主抵御感染的第一道防线，如果固有免疫应答能够完全清除入侵机体的病原微生物威胁，那么免疫应答就到此终止。如果没有完全清除入侵的病原微生物，固有免疫系统将启动适应性免疫应答，同时在一定程度上调控适应性免疫的应答强度。因为固有免疫是与生俱来的，并且没有抗原特异性，所以固有免疫也称为天然免疫或非特异性免疫。

适应性免疫发起针对性攻击

当固有免疫应答无法清除威胁时，适应性免疫应答就开始发挥作用了。适应性免疫应答发生较晚，一般在病原微生物入侵几天后才能形成有效的应答反应，并且随着对某种病原体反复接触，可产生特定的记忆，其应答能力获得不断改善和增强。

适应性免疫应答是在固有免疫应

答之后发挥效应的，在病原体的最终清除和预防再感染中起主导作用，其执行者主要是 T 淋巴细胞和 B 淋巴细胞。由于 T 细胞和 B 细胞在遇到抗原之前并没有相应的功能，只有在被抗原活化后才具有免疫功能，因而适应性免疫又称为获得性免疫（acquired immunity）。因为 T 细胞和 B 细胞识别抗原具有特异性，所以适应性免疫也称为特异性免疫（specific immunity）。

根据应答的成分和功能，适应性免疫应答可分为体液免疫（humoral immunity）和细胞免疫（cellular immunity）两种类型。体液免疫主要由 B 细胞和抗体介导，细胞免疫主要由 T 细胞介导。B 细胞可直接识别抗原，在 $CD4^{+}$ T 细胞

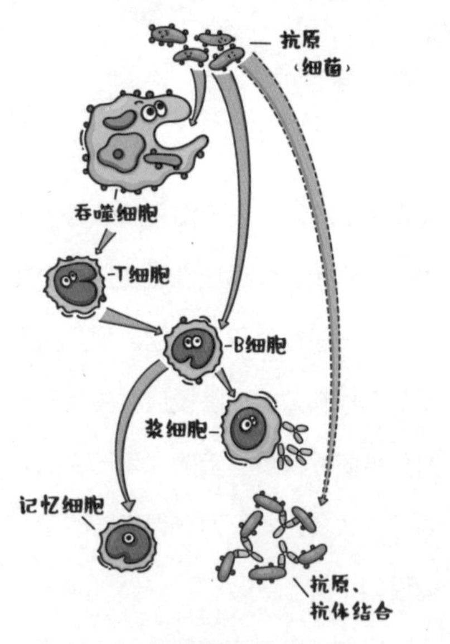

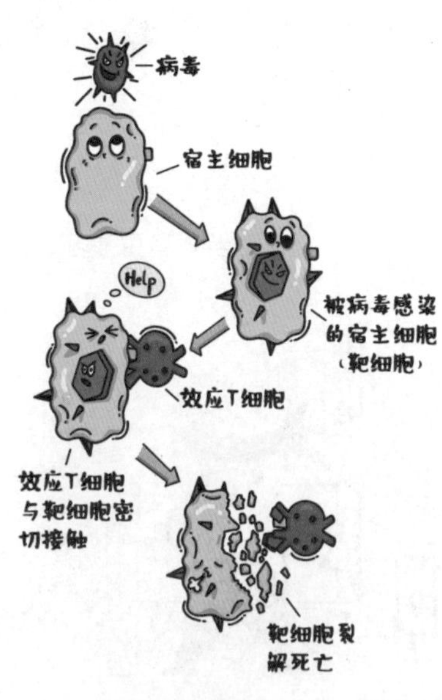

的辅助下分化为浆细胞，并分泌抗体。$CD4^+$ T 细胞即辅助性 T 细胞（helper T cell，Th），对细胞免疫和体液免疫起辅助作用。Th1 细胞分泌 IFN-γ，主要辅助细胞毒性 T 淋巴细胞（cytotoxic T lymphocyte，CTL），即 $CD8^+$ T 细胞；Th2 细胞分泌 IL-4、IL-5 和 IL-13，主要辅助 B 细胞发挥免疫功能。

知识小拓展

朱尔斯·霍夫曼（Jules Hoffmann）曾担任法国最高权威科研机构——法国国家科学院院长。他研究发现了 Toll 样受体蛋白，该蛋白可识别不同病原体，并在细菌入侵时快速激活免疫反应。凭借在免疫学领域取得的杰出成就，霍夫曼与另外两位科学家共同获得了 2011 年诺贝尔生理学或医学奖。他们的研究发现，极大地完善了免疫学的理论体系，推动了免疫学的发展，使人们对人体免疫系统及其功能有了新的认识，为传染病、癌症等疾病的防治开辟了新道路。

- 人体免疫系统的重要成员——淋巴细胞和巨噬细胞

免疫系统由免疫器官、免疫细胞、免疫分子组成。免疫器官是免疫细胞产生、发育、成熟或集中分布的场所。免疫细胞就是参与免疫功能的所有细胞。不同的免疫细胞有着不同的功能，它们彼此之间协调平衡。免疫分子参与机体免疫应答。例如免疫球蛋白对相应的抗原有特异性的结合作用，使抗原（病原体）凝集、沉淀或溶解，从而消灭它们。

免疫系统
免疫器官
骨髓、胸腺、脾脏、淋巴结、扁桃体、小肠集合淋巴结等
免疫细胞
巨噬细胞、T细胞、B细胞和NK细胞以及树突状细胞（DC细胞）、肥大细胞和中性粒细胞等
免疫分子
免疫球蛋白（Ig）、补体、干扰素、白细胞介素、肿瘤坏死因子等

总指挥——淋巴细胞

2019 年，素有诺贝尔奖风向标之称的顶级大奖“拉斯克医学奖”表彰了两位科学家麦克斯 · 库珀和雅克 · 米勒的重要贡献：发现了两种不同的淋巴细胞——B 细胞和 T 细胞，为现代免疫学奠定了基本架构。

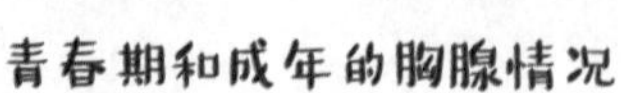
青春期和成年的胸腺情况

20 世纪 60 年代，主流的科学家们普遍认为，胸腺对于成年动物来说是一个可有可无的器官，是进化留下的遗迹。

胸腺位于人体胸部上方，青春期阶段胸腺体积较为膨大，随后在各种激素的影响下，胸腺细胞开始衰亡，胸腺将不断萎缩。

雅克·米勒在一项小鼠淋巴细胞白血病的研究中发现，

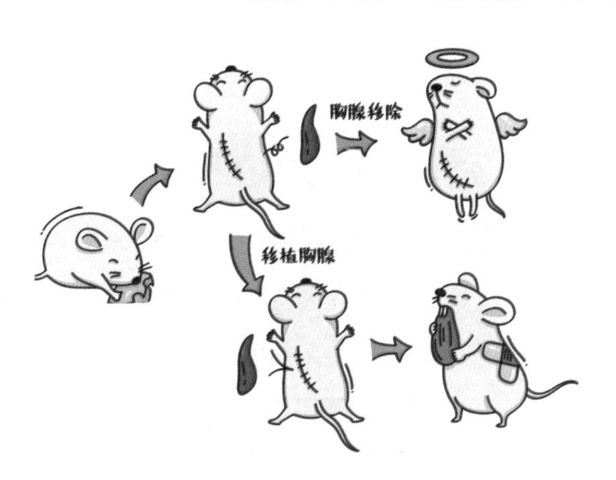

假使切除新生小鼠的胸腺，那么它们体内将缺乏淋巴细胞和相应的抗体，无法对抗感染，很多小鼠会早早死去。如果将胸腺移植回去，那么小鼠将能够重新产生供体胸腺来源的淋巴细胞。这说明，胸腺不仅可以产生淋巴细胞，这些淋巴细胞还能够迁移和成熟。

与此同时，麦克斯·库珀注意到，有人发现小鸡在出生后不久切除法氏囊将无法产生抗体。于是，他切除了鸡的胸腺，鸡产生的淋巴细胞很少，但仍然

能够在受到刺激时产生抗体；而切除鸡的法氏囊，鸡虽然拥有大量的淋巴细胞，但无法产生抗体。于是，库珀提出胸腺

和法氏囊都参与免疫反应，并将法氏囊和胸腺来源的细胞分别命名为 B 细胞和 T 细胞。

T 细胞在胸腺中接受训练

T 细胞在胸腺中发育成熟后将迁移到身体不同部位的淋巴组织中。根据功能不同，T 细胞可分成辅助 T 细胞、细胞毒性 T 细胞和调节性 T 细胞。

表达 CD4 的辅助 T 细胞负责调控、辅助其他淋巴细胞发挥功能。

表达 CD8 的细胞毒性 T 细胞负责识别存在特殊抗原的被感染细胞或者突变细胞，将其杀灭。

调节性 T 细胞负责调节机体免疫反应，通常起着维持自身耐受和避免免疫反应过度损伤机体的重要作用。

B 细胞产生多种抗体

进一步的研究发现，在没有法氏囊的哺乳动物（包括人类）中，B 细胞是在胚胎肝脏、动物体骨髓中形成的。

现在，我们已经知道，大部分B细胞最终将成为浆细胞，分泌抗体。抗体的结构可以细分成恒定区和可变区，恒定区用于信号传导，而可变区用于结合抗原。B细胞通过活跃的基因重排，令抗体的可变区呈现出极其丰富的多样性，能够结合形形色色的抗原。

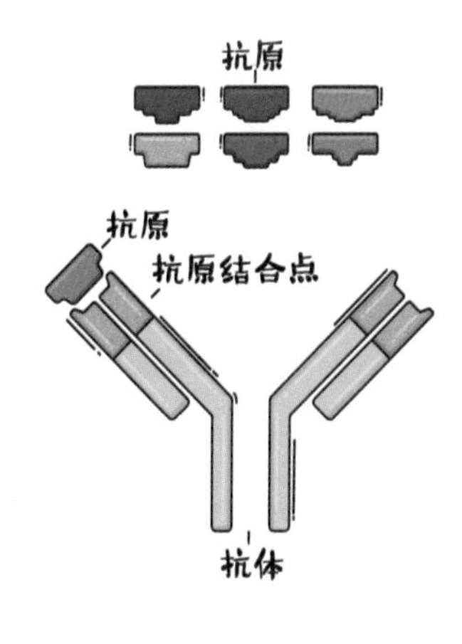

抗体主要存在于血液和细胞外液中，无法进入细胞内部对付在胞内繁殖的病原体，这时候就需要T细胞对付被感染的细胞。

巨噬细胞是免疫系统的启动者

另一类参与机体免疫的重要细胞是巨噬细胞。血液中有着一定量的单核细胞，这些单核细胞在血液中短暂停留后将进入外周组织成为巨噬细胞。巨噬细胞能够协同淋巴细胞清除外来入侵者，在肺泡中，巨噬细胞能够吞噬进入肺部的尘埃；心衰发作时，肺部可能会出现瘀血，巨噬细胞会吞噬漏到肺中的血细胞，成为诊断心衰的重要标志。

巨噬细胞能够改变形状，伸出伪足，包裹住需要吞噬的对象，然后，胞膜内陷成为小袋子，脱落进入细胞成为吞噬体。随后，细胞释放出溶酶体酶，与吞噬体结合，将吞噬物消化。

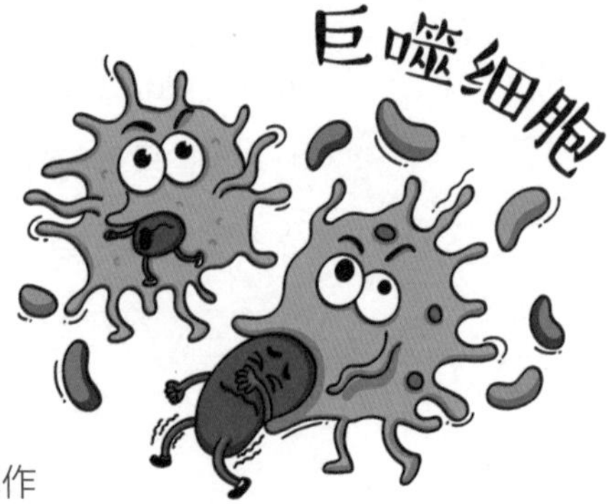

巨噬细胞不仅可以把外源入侵者吞进细胞、“吃掉”它们，还能把这个消息告知辅助型 T 细胞，受到辅助型 T 细胞的刺激活化，巨噬细胞抓住并消灭入侵者的力量会更强。如果巨噬细胞不发挥作用的话，辅助型 T 细胞无法察觉有入侵者，B 细胞和 T 细胞也不会发生作用。可见，巨噬细胞执掌着免疫系统的启动功能。

我们如何简单评估自己的健康状态

- 显微镜打开了全新的微观世界

现代科学的发展常常依赖于观察手段的进步，免疫学也不例外。随着列文虎克制作出第一台显微镜，人类对自己的了解终于迈入了微观层面。

现在，通过显微镜观察，我们已经认识到人体是由多种细胞构成的。并且，利用显微镜观察局部病灶的细胞情况、统计不同类型的细胞比例已经是广泛应用的医学检验手段。将一滴血液采集样本放到显微镜下，原本看起来均匀的血液便呈现出大量形态不同的细胞。

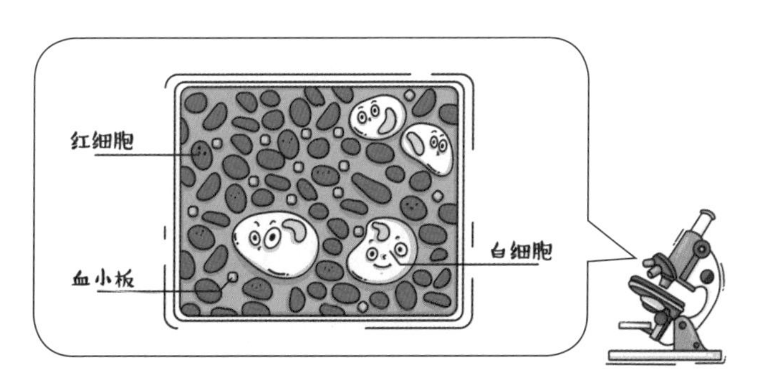

其中，含量最高的是红细胞，血液的红色就是红细胞的颜色。它富含血红蛋白，能够为我们的身体运输氧气和二氧化碳。在电子显微镜下，正常的红细胞呈现双面凹陷的饼状，具备良好的柔韧性，能够轻松通过极细的血管。

除了红细胞，血液中还有为数不少的白细胞。白细胞是多类细胞的统称。使用特殊的染色方法，可以进一步将白细胞细分成若干类，这些细胞多多少少都会参与人体的免疫反应。

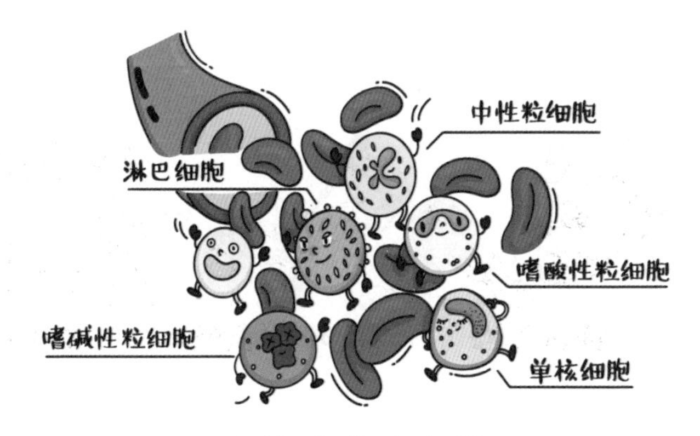

血液中的白细胞

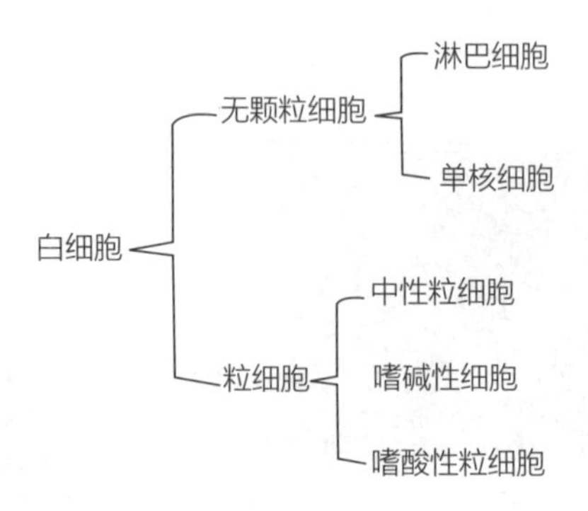

• 健康状态的初步诊断指标——血液检验

基本上每个人都做过血常规检查，不管是定期体检，还是生病时必要的血液化验。护士给我们采集静脉血，血样送到化验室中，统计血液中各类细胞与成分的计数和百分比，最后形成化验报告单。我们拿到的报告单中可能会出现上上下下的小箭头，说明有些指标超过或低于正常值范围，异常的数值能够帮助医生判断我们的身体健康状况或病情，进行初步的诊断。

血常规化验单中常见指标的意义

	增多↑	减少↓
中性粒细胞	常见于急性感染或炎症、急性中毒、严重的组织损坏	可见于血液系统疾病、自身免疫病等
嗜酸性粒细胞	常见于过敏、某些血液病、寄生虫病、皮肤病等	可见于伤寒早期、长期应用肾上腺皮质激素等
嗜碱性粒细胞	多见于血液病、某些恶性肿瘤、过敏性疾病等	——
淋巴细胞	可见于结核病、疟疾、某些病毒感染	说明淋巴细胞破坏过多，可出现于长期化疗和免疫缺陷疾病等
单核细胞	可见于结核病活动期、疟疾等	——
血小板	——	凝血速度慢
血红蛋白	——	贫血

- 健康状态的自我评价

以下是已经通过科学验证的《中医健康状态自评问卷》，由国医大师、中国工程院院士王琦教授团队开发，通过 50 个简单问题对自身健康的主观评价，可以作为反映健康状态的一个可靠指标，是健康客观指标的必要补充，大家可以来测试一下。

中医健康状态自评问卷

A 躯体与健康（共32条）

请根据近一个月的体验和感觉，回答以下问题。【单选】（躯体维度）

	无或偶有	少部分时间有	一半时间有	大部分时间有	几乎所有时间有
1. 我精力充沛	1	2	3	4	5
2. 我体力不错，不容易感到疲乏	1	2	3	4	5
3. 失眠让我苦恼	5	4	3	2	1
4. 我很想睡觉，总也睡不够	5	4	3	2	1
5. 我睡觉打呼噜，呼吸之间有停息	5	4	3	2	1
6. 我食欲不错	1	2	3	4	5
7. 我吃一点东西就容易打嗝或反胃	5	4	3	2	1
8. 我感到胃部（或腹部）胀满不舒	5	4	3	2	1
9. 便秘让我烦恼	5	4	3	2	1
10. 我的大便不成形	5	4	3	2	1
11. 我感到大便黏滞，不易排尽	5	4	3	2	1
12. 频繁地排小便，影响了我的工作和睡眠	5	4	3	2	1
13. 我感到小便不通利，一次不能排干净	5	4	3	2	1
14. 呼吸时，我感到气短	5	4	3	2	1
15. 即使没有剧烈的活动或穿很多的衣服，我也很爱出汗	5	4	3	2	1
16. 我的脸色萎黄没有光泽	5	4	3	2	1
17. 我感到口腔（或鼻子、眼睛）干燥	5	4	3	2	1
18. 我的手足心发热	5	4	3	2	1
19. 我有盗汗的现象（入睡之后汗出，醒后则汗止）	5	4	3	2	1
20. 我的手脚心发凉	5	4	3	2	1
21. 我的胃脘部（或背部、腰膝部）怕冷	5	4	3	2	1
22. 吃了凉的东西，我会不舒服（如胃胀、拉肚子）	5	4	3	2	1

续表

	无或偶有	少部分时间有	一半时间有	大部分时间有	几乎所有时间有
23. 我的皮肤容易起疹子或痤疮	5	4	3	2	1
24. 我感到口中黏腻（甚至嘴里有苦味）	5	4	3	2	1
25. 我感到会阴部潮湿（甚至觉得瘙痒）	5	4	3	2	1
26. 我感到身体沉重，不松快	5	4	3	2	1
27. 我的眼皮容易浮肿	5	4	3	2	1
28. 我的咽喉里有痰，黏黏的不舒服	5	4	3	2	1
29. 我有黑眼圈	5	4	3	2	1
30. 我口唇的颜色偏暗不红润	5	4	3	2	1
31. 我的皮肤常在不知不觉中出现青紫瘀斑	5	4	3	2	1
	没有	有，面积很小不影响美观	有，面积较大影响美观	有，面积大占面部1/2以上	几乎遍及整个面部
32. 我的脸上有黄褐斑	5	4	3	2	1

B 心理、自然、社会与健康（共18条）

请根据近一个月的体验和感觉，回答以下问题。【单选】（**心理维度**）

	无或偶有	少部分时间有	一半时间有	大部分时间有	几乎所有时间有
33. 我心情很愉快	1	2	3	4	5
34. 我能够集中注意力做事情	1	2	3	4	5
35. 我的记性不好，容易忘事	5	4	3	2	1
36. 我容易紧张焦虑	5	4	3	2	1
37. 一点小的事情就能让我心烦生气	5	4	3	2	1
38. 我情绪低落，闷闷不乐	5	4	3	2	1
39. 我胆小，很容易被吓着	5	4	3	2	1

请您回忆近一年的情况并答题。【单选】（自然维度）

	无或偶有	少部分时间有	一半时间有	大部分时间有	几乎所有时间有
40. 我容易过敏(对药物、食物、气味、花粉或在季节交替、气候变化时)	5	4	3	2	1
41. 我怕风，特别是大风的天气	5	4	3	2	1
42. 我怕热，特别是温热的天气	5	4	3	2	1
43. 我怕冷，特别是寒冷的天气	5	4	3	2	1
44. 潮湿的天气让我不舒服（如胸闷、关节痛、起皮疹等）	5	4	3	2	1
45. 干燥的天气让我不舒服(如皮肤干燥、口干舌燥、鼻唇干燥等）	5	4	3	2	1

请您回忆近一年的情况并答题。【单选】（社会维度）

	没有团体	偶尔参加	有时参加	经常参加	几乎都参加
46. 我喜欢参加团体生活(包括娱乐、学术、志愿者、宗教等团体)	1	2	3	4	5
	从不走访	偶尔走访	有时走访	经常走访	总是走访
47. 我和亲戚朋友来往的情况是	1	2	3	4	5
	从不参加	偶尔参加	有时参加	经常参加	几乎都参加
48. 我积极参加社区或单位组织的活动	1	2	3	4	5
	无或偶有	少部分时间有	一半时间有	大部分时间有	几乎所有时间有
49. 我能从工作中获得自我满足感	1	2	3	4	5
50. 我和家人相处愉快	1	2	3	4	5

健康状态自我评价方法

	差	较差	中等	良好
躯体维度	32 ≤得分≤ 64	64< 得分≤ 96	96< 得分≤ 128	128< 得分≤ 160
心理维度	7 ≤得分≤ 14	14< 得分≤ 21	21< 得分≤ 28	28< 得分≤ 35
自然维度	6 ≤得分≤ 12	12< 得分≤ 18	18< 得分≤ 24	24< 得分≤ 30
社会维度	5 ≤得分≤ 10	10< 得分≤ 15	15< 得分≤ 20	20< 得分≤ 25
综合评价	50 ≤得分≤ 100 不用考虑维度的得分	100< 得分≤ 150 不用考虑维度的得分	150< 得分≤ 200 每个维度达到中等，但未达到良好	200< 得分≤ 250 每个维度达到中等或良好

第三章

中医学的“免疫思想”

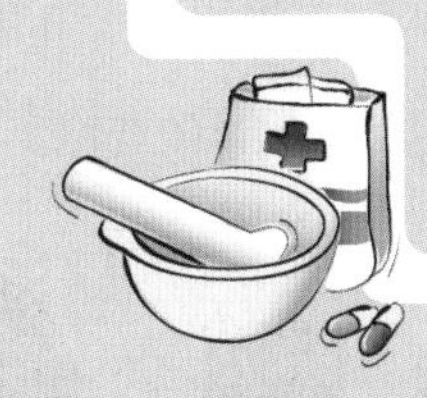

邪不压正——中医学中的健康智慧

- 什么是正气

对中医学有一定了解的人肯定听过“正气存内，邪不可干”这句话，它出自中医古籍《素问》，意思是说，只要身体强健，就不会被疾病打倒。

“正”与“邪”在中医学里是一对非常重要的概念。所谓正气，是指人体正常的功能和具备的抵御疾病的能力，而邪气，则是一切致病因素的统称。

正气充盈于人体之内，连绵运行，能够推动生长发育，也能够调节脏腑功能。精、血、津液的化生和呼吸的运作，都与正气是否充盈息息相关。

正气与邪气的对抗决定了人体的健康状况。邪不压正，那么疾病自然得到康复，人体健壮有力；正不胜邪，人就会

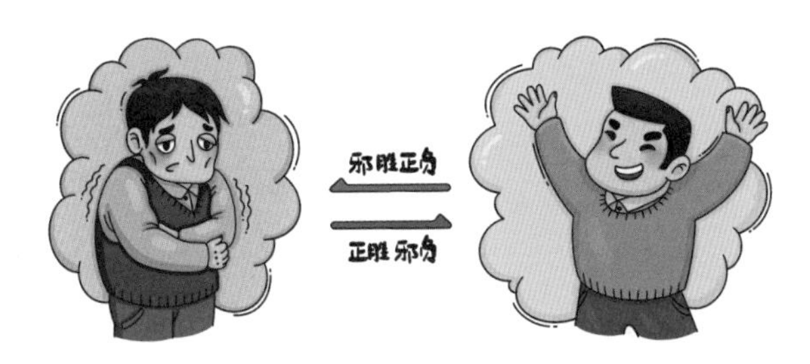

一蹶不振、难以复原。

正气分化到各个脏腑，便构成了脏腑经络之气。脏腑经络之气运行不息，令各个脏腑的功能正常运转，推动全身的精血津液代谢输送，完成人体正常的生理活动。由此可见，在中医学的概念里，正气堪称人体生命之气，它决定了疾病是否会发生、疾病的具体表现和预后是否良好。

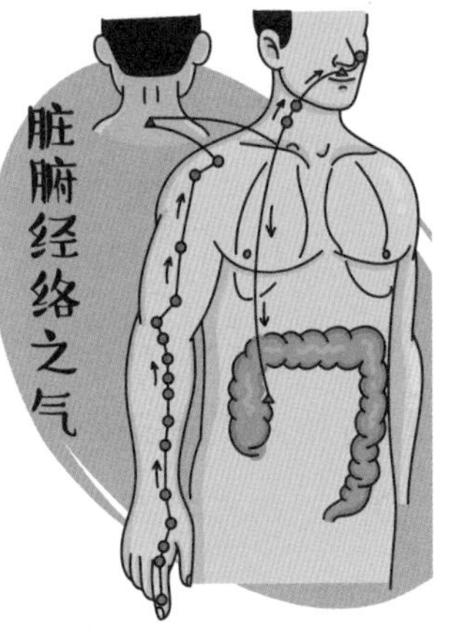

充足的正气运行于经络之间，推动人体各个脏腑正常生理功能的展开，完成生命活动。

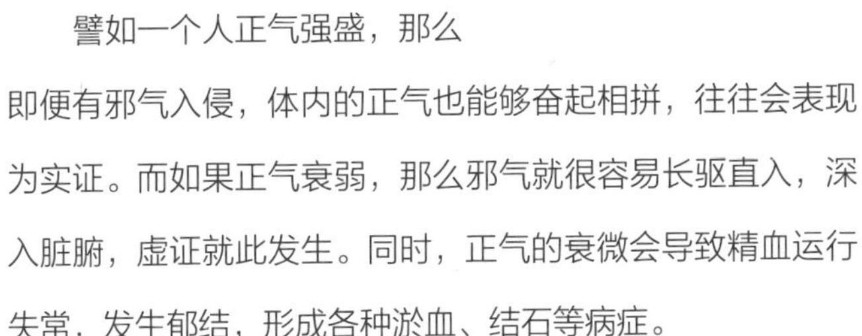

譬如一个人正气强盛，那么即便有邪气入侵，体内的正气也能够奋起相拼，往往会表现为实证。而如果正气衰弱，那么邪气就很容易长驱直入，深入脏腑，虚证就此发生。同时，正气的衰微会导致精血运行失常，发生郁结，形成各种淤血、结石等病症。

- 什么是邪气

再来说说邪气。所有的致病因素都可以称为邪气。邪，听来就令人害怕，然而有些邪气原本并不能令人发病，只是在人体虚弱时候才会造成麻烦。

气候变化而生的“正邪”

譬如四时之正气，就是四季正常的气候也可以因为人体状态不佳而致人生病，这样的邪气就被称为正邪或者正风，发生的疾病常常较浅。常说的感冒就是这一类病症。《灵枢》在讨论疾病起源时候就说：“风雨寒热，不得虚，邪不能独伤人。卒然逢疾风暴雨而不病者，盖无虚，故不能独伤人。”有些人体质特别好，就算淋场雨、受个风，也不会有不舒适的情况出现，而有些人可能一次降温后就会病倒，这就是同样的外界因素与强弱不同的正气相搏产生的不同后果。

正气虚弱而生的“内邪”

除了所谓的“正邪”，人自身正气虚弱会导致“邪”从内而生。譬如因为经络之气不能很好地推动精血津液等的代谢，脏腑功能就会随之失常，发生内风、内寒、内湿、内燥、内火等邪，导致疾病发生。例如，心肺功能失调，人就会感到心悸；脾胃虚弱，那么消化就会出现问题，要么大便溏泻，要么大便秘结；肾的功能一旦衰弱，那么人体的水代谢就会发生紊乱，出现水肿或者脱水，多尿或者少尿。

需避而远之的“虚邪”

虽然正气的强盛有利于我们维持健康，但正气毕竟不会产生特异功能，有些邪气已经远非人力可以抵挡。这时候，避而远之、小心行事才是最重要的。比如虫兽咬伤、刀斧造成的外伤、中暑溺水、毒物侵害等意外事件，我们能做的就是尽可能回避这样的伤害，所谓“虚邪贼风，避之有时”。

总而言之，中医学认为，疾病的发生取决于正邪相搏的结果。正气是否强盛，决定了人体能够在多大程度上压倒邪气；而邪气的性质与轻重，则决定了具体病情的走向。除了避免意外伤害，我们能做的就是扶持自身正气，令正气充盈，邪气自然无法作祟。

治未病——中医学中的养生哲学

扶持正气能够令人体少受疾病侵扰，而及早发现正气不足或者邪气入侵的情况，就能够在疾病大肆作祟前将其消灭。“治未病”便是这样的思想。

- 治未病者为上医

也许很多人都听过这个故事。曾经，魏文王问名医扁鹊：“你们兄弟三人都精于医术，那么，谁的医术最高明呢？”扁鹊说：“大哥最好，二哥次之，我是最差的。”魏文王非常惊讶，毕竟只有扁鹊名声在外。扁鹊解释道：“我的大哥能够在病人还没有发现自己不舒服的时候，就下药把将要发生的疾病铲除了，所以他的医术很难被人知晓，也就没有名气。我的二哥呢，能够在疾病刚刚发作，病人还没有觉得自己很不舒服的时候，下药将疾病去除，结果大家都以为他只能治一些小病。而我呢，只能治疗那些已经发展得很严重的疾病，这时候，病人的家属心急如焚，而我正好能通过手术、开药方等让病人的情况得到好转，于是大家都以为只有我才会治疗大病。其实，是人们理解错了。”

在扁鹊看来，真正的好医生应当能够指导患者预防疾病发生，用现代医学的话来讲，就是要重视预防医学，这一观

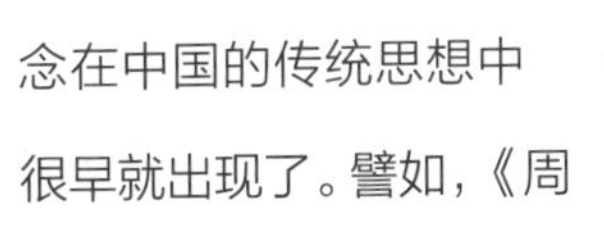

念在中国的传统思想中很早就出现了。譬如，《周易》说：“水在火上，既济；君子以思患而预防也。”水能够扑灭火灾，君子应当为了可能发生的灾患时时做好准备。《道德经》说：“夫惟病病，是以不病，圣人不病，以其病病，是以不病。”“病病”的第一个“病”字作动词解，意思是说，只有注意提防疾病发生，才能够长久健康。圣人不病，就是因为能够注意预防。

中医学历来就重视预防，如《灵枢·逆顺》中说：“上工刺其未生者也；其次，刺其未盛者也；其次，刺其已衰者也……故曰：上工治未病，不治已病。”也正是说，最好的医生应该在疾病还没有显现的时候就通过针刺将其消灭。具体到实践中，张仲景提出："见肝之病，知肝传脾，当先实脾。"发现肝脏出现问题，要想到脾可能会受到影响，所以要提前预防，令脾免受疾病感染。

又譬如，《素问·刺热》写道："肝热病者，左颊先赤；心热病者，颜先赤；脾热病者，鼻先赤；肺热病者，右颊先赤；肾热病者，颐先赤。病虽未发，见赤色者刺之，名曰治未病。"中医学将脏腑疾病与表现在面部的发红特征联系起来，认为通过观察看起来和内脏没关系的外在表现，能够推知即将发生的疾病，进而通过针刺将疾病扼杀在萌芽阶段，这就叫作"治未病"。

- 预防疾病对健康的重要性

《黄帝内经》记载："生之本，本于阴阳。"中医学认为阴阳是万事万物的属性，人也不例外，一旦阴阳失调，生命活动就会出现混乱，甚至疾病。阴阳，就像水放在火上煮。当水和火都刚好的时候，又暖和、又滋润，人体阴阳平衡，就会表现出健康的状态。

很多时候，我们的身体似乎没有什么毛病，却总觉得有点不舒服，比如手脚寒凉、难以集中注意力、容易头脑昏沉。这时候，我们就该着手寻找原因、调理身体了。

中医诊治前，常常会先通过观察和询问，对这个人的体

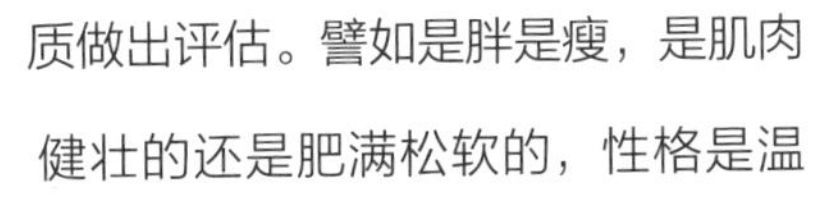

质做出评估。譬如是胖是瘦，是肌肉健壮的还是肥满松软的，性格是温和型的还是急躁型的，说话是慢吞吞的还是语速极快的，喜欢吃什么，容易出汗否，怕冷还是怕热等，然后对其体质进行分类判定。肥胖又眼皮肿胀、舌体肥大的可能是痰湿型体质；声音细弱、容易感冒、易于劳累、肌肉松软的可能是气虚型；怕冷、精力常常不充沛、容易拉肚子的可能是阳虚型；怕热、五心烦热、盗汗的可能是阴虚型，等等。经过仔细的鉴别判定，就可以对各类人群易感的疾病做出预测。细致调理可以令体质得以改善，接近理想的平和体质就能拥有更好的对抗邪气的能力。

正气与免疫的关系

人体免疫力低下时多表现为体虚易感邪气，患病不易愈，平素精神疲乏、动则汗出，食多则呕吐、泄泻等虚弱之象，多属中医学“体虚”“虚劳”等疾病范畴。但是免疫力低下迄今未有中医临床诊断标准。

正气是人体正常功能活动的总称，即人体正常功能及所产生的各种维护健康能力、适应环境能力、抗邪防病能力和康复自愈能力。正如《古代疾病名候疏义》所说："正气者，正，犹平也，无病之人，谓之平人。无病之人体中所有事物谓之正气，犹今言生理也。"

中医学认为，疾病的发生、发展和转归是机体正邪斗争的结果。一个人的正气充足，就可以抵御致病邪气的入侵，保持健康；机体之所以发病，是由于人体正气虚弱而致。

因此，中医学中的正气作为人体对疾病的抵抗能力，与机体免疫系统对机体的防护功能非常相似。

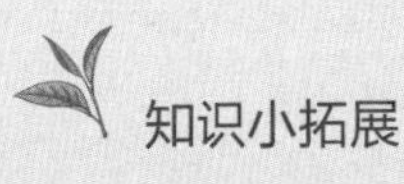

知识小拓展

脾胃与免疫的关系

随着科学研究的不断发展，科学家们发现中医脾胃理论与现代免疫学说之间有着密不可分的联系。在传统中医学看来，脾主运化，胃主受纳，分工合作才能运化水谷精微于五脏六腑和四肢百骸，化生营养物质以供给全身各组织的需要。免疫系统中的免疫器官、免疫细胞、免疫因子等构成成分亦都来自脾胃所运化的精微物质。

现代医学研究认为，传统中医学的“脾”应该包括现代医学的脾脏、造血系统和淋巴器官等，这些器官都是免疫系统的组织基础，构成人体最大的淋巴网状内皮系统。其中，脾脏是人体最大的免疫器官，是T细胞、B细胞定居和扩大免疫效应的基地，也是造血、储血、滤血与清除损伤和衰老退变细胞的器官。脾脏在生命早期，当其他淋巴网状系统发育尚未成熟时尤为重要。研究证实，脾胃发育不全或婴幼儿行脾切除术后，其严重感染的发生率明显增加，或出现免疫功能低下的症状表现。

脾胃在中医学理论里是一个系统，具有能量转化和代谢的功能，它提供的营养物质能够使机体的免疫功能正常活动。若脾胃虚弱，不能正常生化营卫气血，则内不足以维持身心活动，外不能抵御外邪侵袭，从而产生内伤与外感种种病症。这与人体免疫力降低从而抗病力下降的理论是一致的。

以青少年儿童为例，研究表明，大部分的脾虚儿童存在免疫力低下问题；免疫力低下则容易生病，反过来又会影响脾胃功能，形成恶性循环。儿童体质特点在先天禀赋、饮食营养、环境影响及疾病用药等基础上形成，儿童的脾胃功能相对不足，易形成脾虚体质。由下表可见，脾胃虚弱与免疫力低下具有几乎一致的表现。

脾虚儿童与免疫力低下儿童的表现

	脾虚体质儿童	免疫力低下儿童
身体表现	身材偏瘦或虚胖、体弱、神疲懒言、哭声较低、安静少动、面色苍白或萎黄、自汗乏力、出汗多、食欲减退、大便溏软	体质虚弱、营养不良、精神萎靡、疲乏无力、食欲降低、感冒、感染、发热、咳嗽、睡眠障碍等
疾病状况	容易出现疳积、泄泻、厌食、反复感冒等疾病	容易生病，并需较长时间才能恢复，且反复发作，导致身体和智力发育不良，甚至诱发重大疾病

第四章

免疫功能失调会怎么样

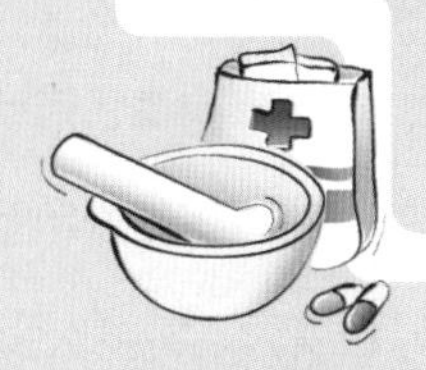

免疫力低下的表现

一般情况下，免疫力低下会表现出反复感冒、容易疲劳、伤口不易愈合等现象，免疫力长期低下，甚至会助长肿瘤的发生及发展。

- 反复感冒

感冒是最常见的急性呼吸道感染性疾病。感冒大部分是由病毒引起的，包括鼻病毒、冠状病毒、流感病毒、呼吸道合胞病毒等，其中某些病毒如甲型流感病毒的致病性较强，且容易发生抗原性变异，曾多次引起世界性大流行。

一般情况下，这些漂浮于空中的感染源想要通过上呼吸道入侵人体内部要经历鼻毛、鼻腔黏液等免疫系统设置的重重关卡，在正常工作的免疫系统面前可谓难于上青天，只有当免疫系统抵抗力下降的时候病毒才有机可乘。

病毒感染呼吸道细胞时，固有免疫应答和适应性免疫应答均被激发。病毒感染后释放的炎症介质包括激肽、白三烯、IL-1、IL-6 、IL-8 和 TNF 等，导致血管通透性增加，使血浆渗入鼻黏膜，鼻腔腺体分泌增加，出现流清涕、鼻塞等呼吸道症状。在感染初期固有免疫应答迅速启动，从而抑制病毒复制。普通感冒一般无发热及全身症状。但是当机体处于营养不良、情绪不佳、运动不足、失眠等情况时，就会导致免疫力下降。免疫细胞生成减少，活性降低，消灭病毒速度慢，出现发热、全身疼痛等全身症状，导致机体恢复缓慢。

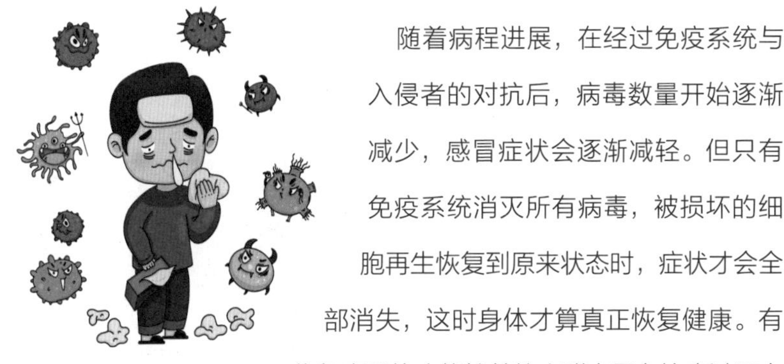

随着病程进展，在经过免疫系统与入侵者的对抗后，病毒数量开始逐渐减少，感冒症状会逐渐减轻。但只有免疫系统消灭所有病毒，被损坏的细胞再生恢复到原来状态时，症状才会全部消失，这时身体才算真正恢复健康。有些免疫系统功能较差的人群容易在抗病过程中出现并发症，导致病程延长，例如在病毒感染同时合并细菌或真菌感染，可能转为重症甚至死亡。

大部分完成任务的免疫细胞如 T 细胞、B 细胞会枯萎死亡，但有一些会成为记忆细胞，留在人体内巡逻。记忆细胞使人体免疫力得到提升，如果这种病毒再次入侵会被立刻歼

灭。因此，正常范围内的普通感冒就像免疫系统的一次锻炼和升级（注意是正常范围内的感冒，并不是说经常反复感冒才好）。不过道高一尺魔高一丈，病毒也会不断变异，当下次入侵时会以一个新面貌出现，使得记忆细胞无法辨认它们，所以我们如果不注意还会再次感冒。

- 容易疲劳

疲劳是一种主观不适感觉症状，分为体力疲劳与精神疲劳。体力疲劳常表现于一定体力活动之后，肌肉感觉到能量或力量缺乏，或者疲劳不易消除，甚者在一定程度上影响工作和生活。精神疲劳是指一种自觉倦怠、精力差或周身疲惫的感觉，缺乏动机及警觉，表现为头脑昏沉，四肢乏力，做事、思考时注意力不集中，记忆力差，工作效率低、频繁出错，阅读障碍，学习和理解困难。

美国疾病控制中心（CDC）将反复发作和持续 6 个月以上的疲劳定义为“慢性疲劳综合征（CFS）”。CFS 患者主要表现为细胞免疫功能低下，常伴随免疫学指标的异常，如免疫球蛋白（IgA、IgG、IgM）异常，IL-6、TNF-α 等细胞因子异常，NK 细胞活性下降等。

精神疲劳也可体现为记忆力下降及精神萎靡，而记忆力下降的一个重要原因是炎症因子的影响。炎症因子抑制下丘脑的正常功能，从而引起人体乏力、精神萎靡、食欲减退、肌肉或关节疼痛等一系列症状。

• 伤口不易愈合

伤口愈合一般分为 4 个阶段：止血、炎症、增生和重塑。这些阶段均由大量的炎症介质或蛋白分子进行诱导和调控。这些因子通过作用于机体细胞及细胞间质，调控组织愈合的均衡发展，既刺激组织修复，又限制组织的过度增生，维持愈合的动态平衡。一旦这种平衡被打破，则会导致愈合不良，或是瘢痕组织的过度形成。

巨噬细胞是创伤愈合和组织修复过程的“总指挥”。它具有吞噬和分泌作用，一方面吞噬并清除外源性异物和坏死细胞，一方面还能通过释放各种细胞因子调节创伤修复。因此如果免疫力低下，巨噬细胞功能不良，就会导致创伤愈合延迟。

炎症反应过强也会造成组织损伤，从而影响创面的修复过程。如 TNF-α、IL-1β、IL-6 分泌增加，会抑制成纤维

细胞迁移和增殖，降低胶原蛋白合成，使伤口组织强度不足，难以愈合。

当免疫反应过强

- 免疫反应越强越好吗

免疫能力差就容易发生疾病，因此现代人常常喜欢说，要增强免疫力。值得注意的是，免疫力强和免疫反应强不是一回事。免疫力强的人免疫调节能力也强，对抗原的反应适度，该强就强，该弱就弱。免疫反应不是越强越好，很多时候，过强的免疫反应会给身体带来麻烦，可能将原本无害的对象视作危险因子加以攻击，造成身体功能紊乱。因此，健康机体的免疫系统应该处于平衡状态，既要有足够的功能对疾病具有一定的抵抗力，也不能过强，避免引发其他问题。

免疫反应过强最常见的情况便是过敏，越来越多的人受到这种过强免疫反应的困扰。喷嚏不断、鼻涕不止，眼睛发痒、不断流泪，皮肤瘙痒，这些过敏的体验非常糟糕，严重的过敏可能还会危及生命。

- 什么原因会导致过强的免疫反应

研究发现，可能造成过敏的物质极其繁多，常见的有花粉、坚果、牛奶、鸡蛋、小麦、海鲜等。对同一种物质，有的人不会有任何不适反应，而有的人却会出现或轻或重的过敏反应。过敏发生的过程是大致相同的：人体在第一次接触某种物质后，一类针对该物质的免疫细胞得到活化，一定时间内再次接触该物质时，人体就会产生强烈的应答，也就是日常所说的过敏。

后来，人们发现，某些原本无害的物质携带着一些生物活性分子，能够与人体中的抗体发生反应，激活本不该出现的免疫应答，一般称这些物质为“过敏原”。

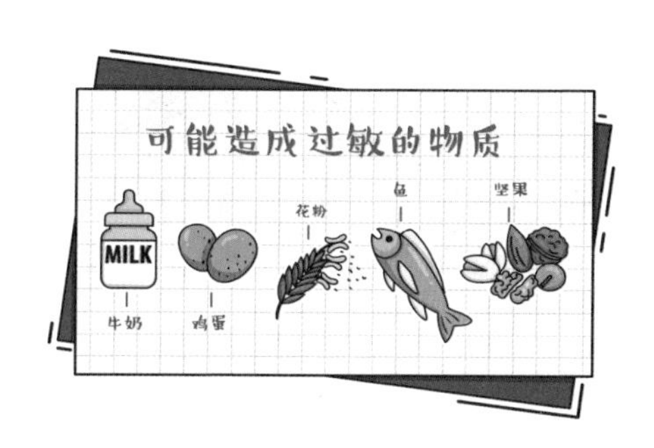

花粉过敏是怎么回事

黑麦草就是一种很容易引起过敏的植物。它的花粉中含有某些多肽和蛋白，被人们吸入鼻腔后，会刺激鼻黏膜下的肥大细胞，令肥大细胞释放出大量炎症介质。鼻腔受到刺激，患者就会出现打喷嚏、鼻塞、流鼻涕等症状，还可能形成过敏性鼻炎。除了黑麦草，桦树、榛子树、橄榄树等植物的花粉都存在类似的多肽和蛋白，令很多人在花儿盛开的季节被迫靠抗过敏药物求得安宁。

皮肤过敏反应都是过敏原引起的吗

荨麻疹是一种常见的皮肤过敏表现，有些地区称之为风团。它可能是过敏引起的，也可能是精神因素、药物等原因导致的。

吃什么会引发过敏反应

食物过敏的机制与花粉过敏类似。食物中某些特定成分进入胃肠道后激活了黏膜中的免疫细胞，导致腹泻、呕吐等症状出现；进入皮下组织则可能引起荨麻疹。

当然，不同的人对不同成分的反应存在差异，过敏体质的人可能对含某一成分的很多物质或类似成分出现过敏反应，如何确定自己对哪种或哪些成分过敏呢？必要时可到医院进行过敏原测试，帮助大家规避一些麻烦。

过敏原测试方法有很多种，将可能致敏的物质与皮肤接触，检查是否出现红肿、瘙痒等过敏反应，是一种常见的测试方法。如果生活中没有明显的过敏现象，不一定必须接受过敏原测试。

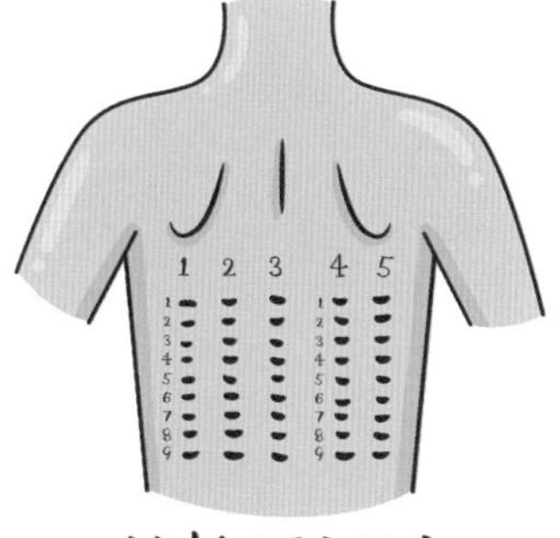

过敏原测试

第五章

免疫功能失调怎么办——保护免疫：功在平时

合理饮食

饮食是获取营养物质的必要措施。如果身体需要的营养物质都能满足，对免疫功能提高也将大有帮助。

均衡饮食是一桩老生常谈却又很难真正做到的事情。据统计，2018年，我国的平均肥胖率已经达到12%左右。研究表明，肥胖人群的免疫功能会发生改变，诸多疾病的风险迅速增加。

还有一种情况是营养不良，由长期膳食搭配不合理，或者存在影响营养吸收的病理性因素所致。营养不足对人体免疫应答有许多损害。有资料表明，蛋白质摄入不足会导致T细胞、B细胞以及吞噬细胞数量与功能低下，细胞因子的合成和分泌减少，感染性疾病发生率上升。

因此想要改善免疫功能还需讲究合理饮食。

规律作息

在漫长的时间内，人类和各种生物一直受到地球自转、公转的影响，体内的生理生化功能也随之做出反应，以便与外部环境协调一致。随着长期的进化，这些节律性的反应最终被写入基因，成为遗传信息的一部分。

“日出而作，日落而息”，我们的先祖很早就对生物的时间节律有着朴素的认知。在中医学中，不论是疾病的进展还是用药方案，都会考虑到季节的影响。

时间节律控制着一系列的生物进程，包括细胞分裂和细胞代谢。睡眠紊乱或缺乏睡眠都会影响免疫系统中重要的细胞因子，导致免疫功能异常。因此作息不规律的人常常感冒，并且恢复较慢，还时常感到乏力，精神萎靡。

放松心情

中医学认为，喜、怒、哀、思、悲、恐、惊这七情在过度激烈的情况下可能会导致疾病发生。比如，过于愤怒导致肝气上冲；暴喜过度导致心气涣散、心神狂乱；思虑过度耗损心神，导致气机郁结；极度恐惧导致肾气不固，产生大小便失禁的情况。可以说，人们很早就认识到，强烈的或者持续的不良情绪会影响健康。

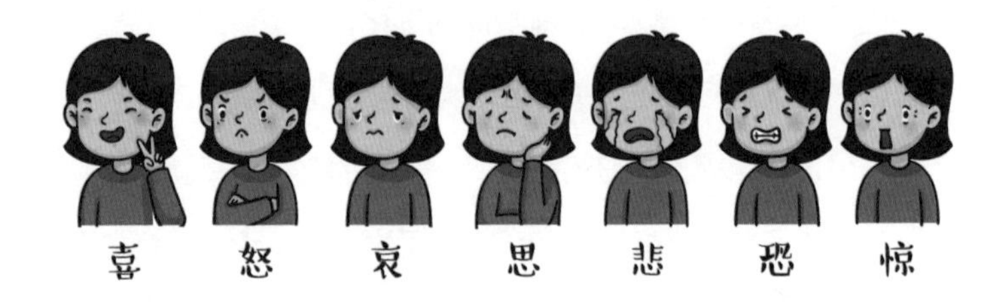

目前，科学家们普遍认为，应激常常会产生一些负面的情绪，比如抑郁、焦虑，这样的情绪会激活下丘脑－垂体－肾上腺系统，导致血液中的肾上腺皮质激素升高。而肾上腺皮质激素存在免疫抑制作用，特别是抑制自然杀伤细胞的功能，影响人体的免疫平衡。

负面情绪会影响免疫功能

焦虑、抑郁、失望和悲伤等消极状态下

淋巴细胞增殖减少

自然杀伤细胞活性降低

白细胞和抗体的数量改变

培养多样的兴趣、积极进行户外活动、饲养自己喜爱的宠物等，都能够帮助被焦虑和紧张情绪包围的现代人放松紧绷的神经，保持平和的心情。

适度运动

适量的运动有益于身体健康，尤其是对于当今久坐电脑前的白领来说，经常进行适量的运动要比静坐工作者拥有显著偏低的上呼吸道感染风险。坚持锻炼的老年人免疫力更好，血浆白细胞介素的活性高于运动量不足的老年人。

过量运动和不运动一样不值得提倡。流行病学调查发现，经常进行高强度、大运动量活动的人群感染某些传染病的概率显著高于一般人。这说明，运动量存在一个阈值，一旦超过这一阈值，运动将产生负面影响。

因此，我们既不能静坐不动，也不能过量运动，要讲究合理运动。特别是老年人，首先需要经过全面的体检，评估心肺功能，选择合适的锻炼项目。在锻炼前，需要进行充分的热身，例如先慢跑数十米，观察是否出现心悸、胸闷等不适症状，如果没有再进行锻炼。锻炼的内容不可过于激烈，避免造成关节韧带的损伤，慢跑、游泳、太极拳都是比较合适的运动项目。

正如唐代名医孙思邈《千金要方》中所云“养性之道，常欲小劳，但莫大疲及强所不能堪耳”，这正是合理运动的真谛。

借助合适的保健手段

除了均衡饮食、注意作息、放松心情、适度运动以外，我们还可以通过选择合适的保健手段主动改善免疫功能。大量研究表明，天然植物成分在特定的条件下有可能提高免疫力，平衡免疫功能，增强机体抗病能力。因此，适量补充能够改善免疫功能的天然植物成分，能够帮助我们拥有更强健的体魄。

第六章

药食同源——从食物中发现新大陆

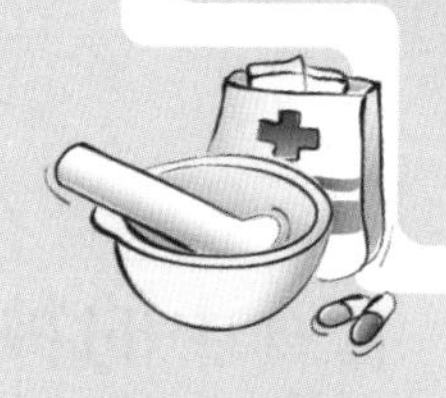

有很多我们平时食用的食物，经过适当处理，能够帮助我们调节免疫功能、对抗疾病。科学家们查阅了很多中医古籍中提到的药方，经分析后已经确定不少食物具备一定药理作用，也就是常说的“药食同源”。

现在已经发现的食物中的药用成分根据其分子结构分成两类，一类是多糖，比如香菇多糖、灵芝多糖、竹荪多糖、枸杞多糖、银耳多糖等；另一类是小分子物质，比如当归中的藁本内酯、丁香中的丁香酚、桂皮中的肉桂醛、生姜中的姜黄素、大蒜中的大蒜素等。

食物中的神奇多糖

- 多糖是什么

糖是一大类物质，单糖是糖的基本组成单位。单糖之间脱水形成糖苷键，进一步连接成寡糖和多糖。一般将少于 10 个糖基的糖链称为寡糖，多于 10 个糖基的糖链称为多糖。因

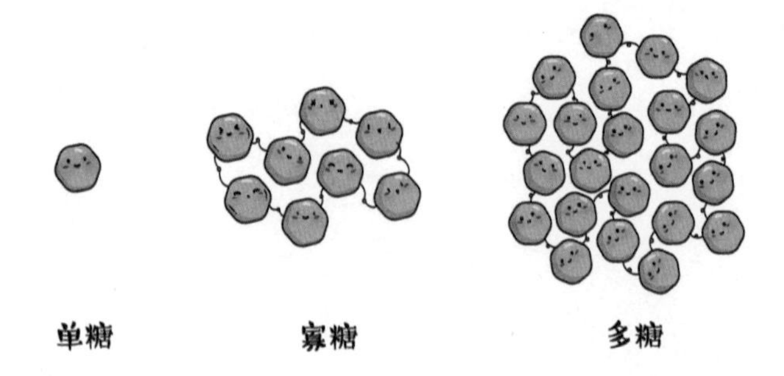

此，糖的家族可以概括为：单糖、寡糖和多糖。

美国《Science》杂志于 2001 年 3 月 23 日出版了一期专辑“糖和糖生物学”，表明在国际学术界对多糖的研究日益得到重视，其中对多糖结构和生物功能的研究成为继蛋白质和核酸之后探索生命奥秘的第 3 个里程碑。

随着分子生物学的发展，人们逐渐认识到多糖具有极其重要的生物功能。香菇多糖作为菌类多糖中的一种，早在 20 世纪 60 年代就作为优良的免疫促进剂受到广泛关注和研究。香菇多糖是由不同单糖组成的杂多糖，不同提取方法得到的香菇多糖其分子组成不尽相同。现有研究结果显示，香菇多糖含有阿拉伯糖、木糖、甘露糖、葡萄糖、半乳糖、鼠李糖等成分。此类多糖成分能够通过消化道吸收，为机体所用。

- 多糖物质被吸收利用的四大途径

经过科学界数十年研究探讨，对于多糖物质的吸收途径大致总结为以下 4 种：胞吞吸收、分解为低分子量寡糖发挥作用、通过影响肠道菌群发挥作用、直接与靶点细胞接触发挥作用。

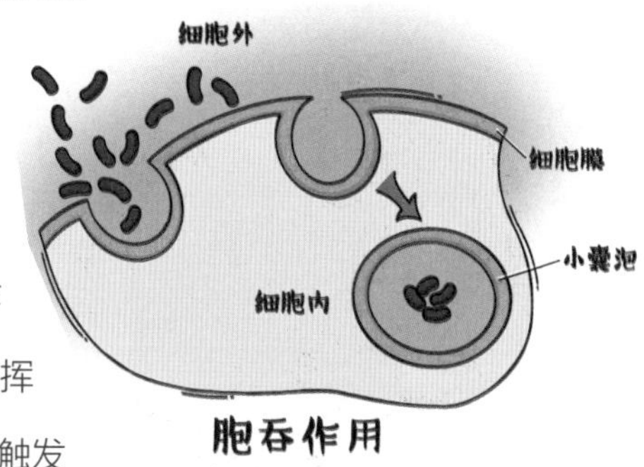

胞吞作用

胞吞吸收

胞吞是细胞直接摄入细胞外大分子物质的重要途径。如图，胞外物质被包裹入质膜，然后内陷形成囊泡，最后囊泡脱离，完全进入胞内，产生系列生理活动。

降解为低分子量的寡糖

部分多糖在人体口腔与十二指肠内相关酶的代谢下变为寡糖，寡糖进一步水解为各种单糖，包括葡萄糖、半乳糖和果糖等，通过肠黏膜被吸收。

与肠道菌群相互作用

我们的肠道中生活着多种多样的细菌，它们所产生的代谢产物是肠道内环境的重要组成部分。一方面，多糖作为肠道菌群的食物，影响肠道菌群的多样性、数量和结构，有助于乳酸杆菌、双歧杆菌等益生菌的生长和增殖；另一方面，多糖经肠道菌群分解代谢后，生成丙酸、丁酸、戊酸等短链脂肪酸，加强刺激肠神经黏膜受体而进一步提

升肠道健康，这类肠道代谢物的增多同时能够促进菌群的调节。

与靶点细胞接触

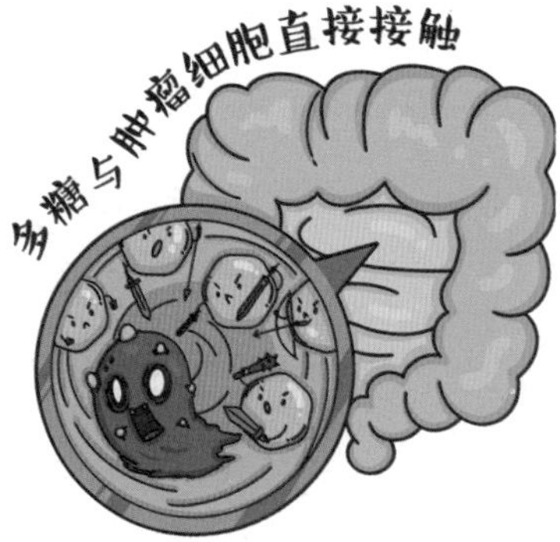

对于消化道肿瘤，多糖可以直接与肿瘤细胞接触从而发挥抗肿瘤作用。

也就是说，口服多糖后可保留原有的药效，并且发挥更多的有益影响。

- 如何提高利用效能

从消化道吸收活性物质，就存在消化利用效能的问题。以灵芝多糖为例，临床试验人体需要的量为每天1.8克，按照纯化灵芝多糖的提取率为0.7%计算，那么需要的灵芝量为257克。但这并不现实，人不可能一天内吃下这么多的中草药灵芝原料。

幸运的是，中药现代化技术能萃取中药中有效成分，利用这些“精华”物质更好地调养健康。提取的有效成分更易于被人体吸收，可减轻胃肠道负担，更方便有效地保障健康。

多糖成分——激活免疫系统的好帮手

- 香菇多糖是如何激活免疫系统的

香菇多糖来源于香菇，香菇是美味的食用菌，含有多种氨基酸、维生素和丰富的微量元素，可扶正补虚、健脾开胃。香菇一直是人们餐桌上的美食，香菇滑鸡、香菇煲汤、香菇油菜等都是深受大家喜爱的家常菜品。同时，香菇也是一种常用的药食同源的食材。

1969 年，日本学者率先发现香菇多糖具有抗肿瘤作用，并进行了体内和体外实验，经过长达数十年的临床前及临床研究，最终研制成目前临床治疗中常用的抗肿瘤药物 Lentinan，适用于消化道肿瘤及其他肿瘤。

2010 年冬天，中国科学院生物物理研究所秦志海研究团队的伍浩和陶宁关注到香菇多糖的抗肿瘤效应。香菇多糖的抗肿瘤作用明确，临床上有香菇多糖注射液用于胃癌、结肠癌等消化系统肿瘤的治疗经验，其作用机制与激活、调节免疫系统有关，但还未明确。

香菇多糖中究竟有什么物质可以激活免疫系统呢？研究人员对香菇多糖的成分进行了研究，从中分离出 3 种多糖组分，

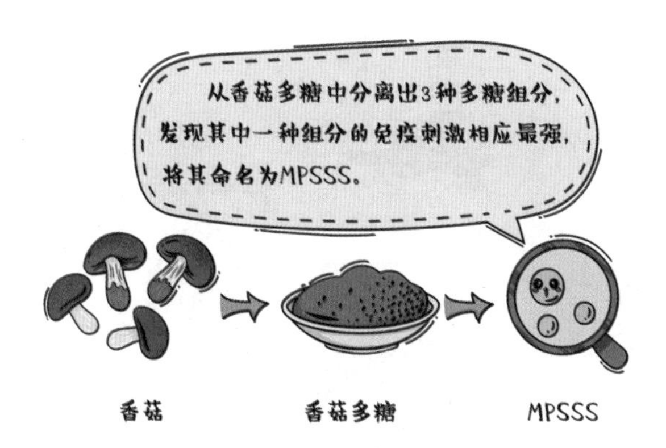

发现其中一种组分的免疫刺激相应最强，将其命名为 MPSSS。

为了验证 MPSSS 的作用机制，研究人员设计了一个实验，用的是静息期的脾脏细胞。结果显示，静息期脾脏细胞正常情况下是不会发生增殖的，但在加入天然免疫刺激剂——刀豆蛋白（ConA）后，脾脏细胞就会开始增殖，由一个变成多个。怎样观察到这种细胞数量的变化呢？实验中对脾脏细胞进行了绿色荧光标记，在流式细胞仪上就可以看到增殖细胞呈现出独特的荧光增殖峰。加入 MDSC（髓源性抑制细胞，具有显著抑制免疫细胞应答的能力）后，脾脏细胞的增殖峰消失了，也就是说免疫细胞被催眠或抑制了。再加入香菇多糖 MPSSS 后，脾脏细胞的增殖峰又重新出现了，意味着免疫细胞的催眠或抑制解除了。

体外细胞实验验证了香菇多糖 MPSSS 可以激活免疫细胞，那么在动物体内是否也能表现相同的作用呢？接下来研究人员发现食用香菇多糖 MPSSS 后，荷瘤小鼠的肿瘤生长

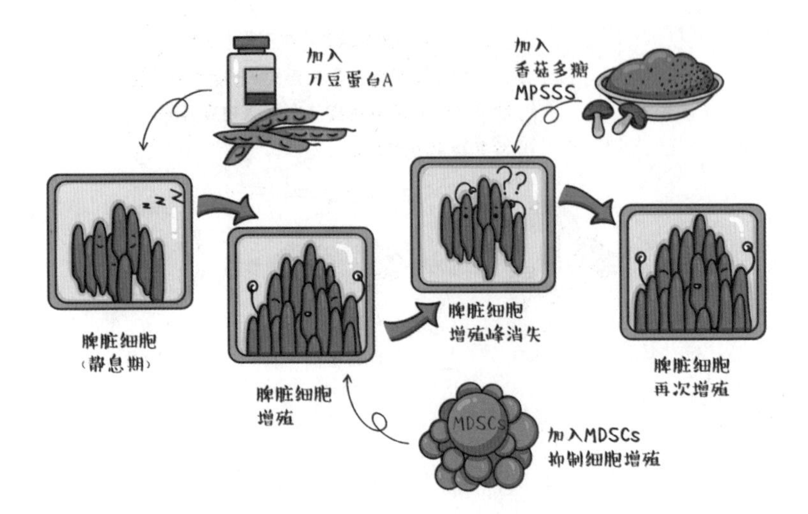

速度变慢，外周血中的 MDSC 比例也下降了。说明在小鼠体内，香菇多糖 MPSSS 同样可以激活免疫细胞。

在体外细胞培养体系中加入香菇多糖 MPSSS 后，观察 MDSC 的分子标志变化，结果发现 MDSC 具有 M1 型巨噬细胞的特征，由促进肿瘤生长的细胞变成了抗肿瘤的免疫细胞。

- 多种具有免疫调节功能的药材 / 食材介绍

☆提高巨噬细胞功能：银耳、黄精、小麦麸皮、莴苣、沙棘、巴戟天

☆活化自然杀伤细胞：苦瓜、灵芝

☆促进抗体生成：枸杞、茯苓、人参

☆激活补体系统：人参、虫草多糖

☆激活淋巴细胞：红枣、黄芪、五味子、太子参、车前子

☆促进细胞因子生成：枸杞、黄精、蜜橘皮、竹荪、小

麦麸皮、白术

（注：很多原料其实会在多种免疫路径上作用，这种划分只是为了方便起见。）

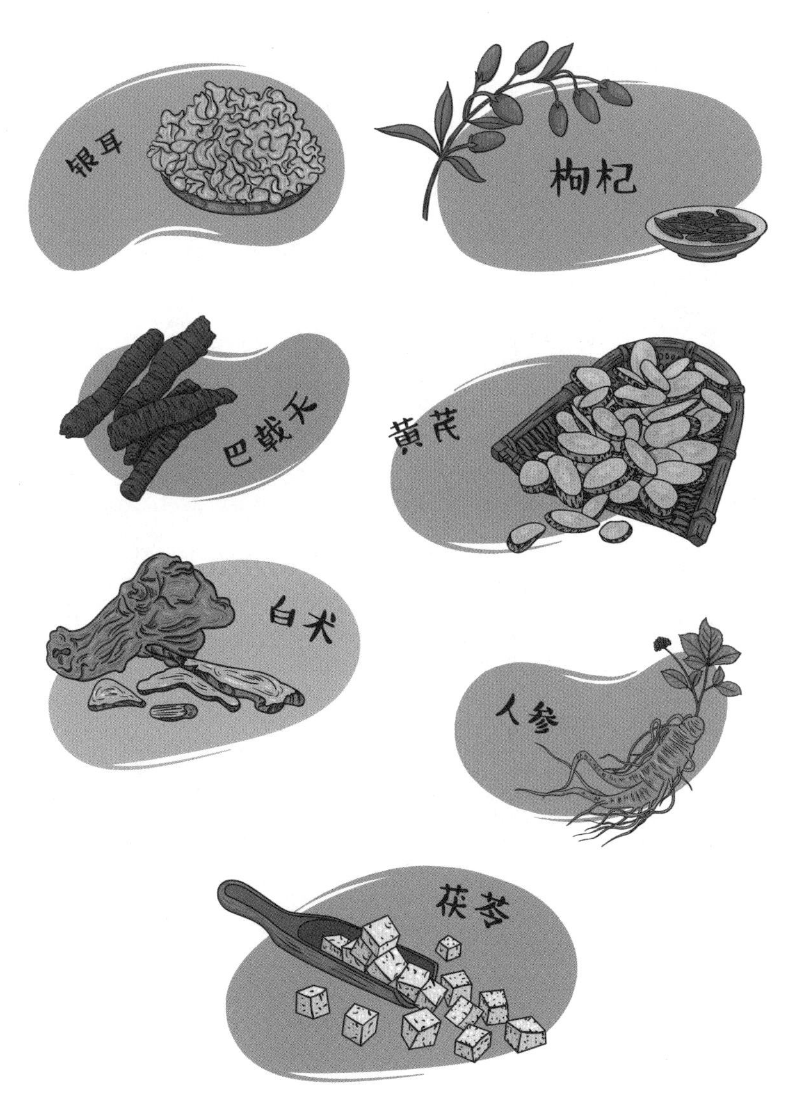

知识小拓展

具有免疫调节功能的药材 / 食材

天然植物原料	免疫调节机制
枸杞	枸杞多糖能够改善体液免疫功能。枸杞中提取的枸杞多糖可以增加机体内 IL-12 的水平，提高 T 细胞的杀伤活性。口服给予枸杞粗多糖对 LACA 小鼠脾细胞增殖反应和抗体生成反应均具有明显的促进作用，明显增加快速老化模型小鼠（SAMP8）脾抗体生成细胞的数目，升高脾细胞产生抗体 IgG 的水平
银耳	银耳多糖（TP）和银耳孢子多糖（TSP）能全面提升机体免疫能力，可增强单核巨噬细胞系统的功能，增强体液免疫功能和细胞免疫功能，还可增加免疫器官的重量
人参	人参多糖升高 IFN-γ、TNF-α，降低髓源性抑制细胞、Treg 细胞百分比，改善化疗患者免疫功能。增强巨噬细胞吞噬功能，促进 IgG 抗糖生成和补体含量。提高脾细胞表达 IL-2 和 IFN-γ 诱导 TNF 产生，杀伤肿瘤细胞 α
竹荪	竹荪多糖提高巨噬细胞吞噬能力，增加 T 细胞数量，增加 NK 细胞活性，促进巨噬细胞分泌 IL-1、IL-6、TNF-α
蛹虫草	虫草多糖成分可以增加运动员机体内血清免疫球蛋白的数量，增加补体系统组分含量
红枣	红枣多糖对机体非特异性免疫、细胞免疫和体液免疫均有显著兴奋作用，可提高免疫抑制小鼠腹腔巨噬细胞吞噬功能，促进溶血素溶血空斑形成；显著提高脾脏指数，并改善淋巴细胞转化能力
茯苓	茯苓多糖对巨噬细胞的激活作用是通过激活 38 激酶使转录因子前 NF-KB/Rel 激活以及上调诱导型一氧化氮合酶基因表达实现。茯苓多糖不仅具有抗衰老、抗肿瘤的作用，还能促进 Th1 型和 Th2 型细胞因子的表达，并能诱导 B 淋巴细胞分泌抗体，从而增强细胞免疫和体液免疫功能
黄精	黄精多糖能显著提高小鼠的脾脏指数、巨噬细胞吞噬指数，IL-2、IL-6、IFN-γ 和 TNF-α 含量明显增加，促进巨噬细胞增殖

续表

天然植物原料	免疫调节机制
小麦	小麦麸皮多糖可通过调节 NF-kB、AP-1、p38MAPK 信号转导通路促进巨噬细胞的免疫功能。动物研究表明，小麦麸皮多糖能够增强环磷酰胺所致免疫低下小鼠的胸腺和脾脏器官指数，上调细胞因子的分泌水平
莴苣	莴苣茎水溶性多糖显著提高小鼠巨噬细胞活力和吞噬中性红的能力，并刺激小鼠巨噬细胞分泌产生一氧化氮，具有免疫调节活性
蜜柑	温州蜜柑果皮多糖可诱导 RAW264.7 巨噬细胞中 IL-6、TNF-α 和一氧化氮的产生，同时对 RAW264.7 巨噬细胞中丝裂原活化蛋白激酶（MAPKs）和 NF-κB 具有浓度依赖性的磷酸化作用，CPE-Ⅱ主要是通过 TLR2/4 与 JNK 途径介导人体细胞免疫活性的提高
沙棘果	沙棘多糖可增加小鼠免疫器官重量，对 ConA 诱导的脾 T 淋巴细胞有明显的转化作用，增强小鼠腹腔巨噬细胞的吞噬能力，提高小鼠血清溶血素水平
苦瓜	苦瓜多糖提高免疫低下小鼠的巨噬细胞吞噬功能、血清溶血素含量、脾脏淋巴细胞转化能力、NK 细胞活性、脾脏指数和胸腺指数
灵芝	灵芝多糖提高 NK 细胞活性，56.7% ~ 60.0% 患者的炎症因子 IL-2、IL-6 和 IFN-γ 水平降低，使得部分患者表现明显的免疫调节功能，具有潜在的抗肿瘤活性
当归	当归多糖使得免疫性结肠炎大鼠结肠 TGF-β 蛋白质表达、SOD 活性和 IL-10 含量与正常控制相比显著降低，结肠 EGF 蛋白表达明显上调，改善结肠炎症
白术	白术多糖使吞噬细胞吞噬能力增加，分泌 TNF-α、IFN-γ 和一氧化氮上升，促进 DC 的分化和成熟，促进 IL-12 分泌，还可以提高大鼠术后的免疫功能，有助于术后恢复
黄芪	黄芪多糖增加淋巴细胞增殖分化，增加抗体和补体浓度，增加 NK 细胞活性，增强巨噬细胞吞噬功能，增加 IL-2，促进 DC 成熟
太子参	太子参多糖可增强辅助性 T 细胞作用，促使 $CD4^+/CD8^+$ 比值恢复正常，增加皮质酮释放

续表

天然植物原料	免疫调节机制
五味子	五味子多糖可显著提高正常小鼠腹腔巨噬细胞的吞噬百分率和吞噬指数，促进溶血素及溶血空斑形成，促进淋巴细胞转化
车前子	车前子多糖增加了树突细胞上成熟标志物主要组织相容性复合物Ⅱ、CD86、CD80和CD40的表达，车前子多糖处理的树突细胞可以更有效地向T细胞呈递卵白蛋白抗原，如通过TLR4诱导树突细胞成熟
熟地黄	熟地黄多糖RGP促进促炎细胞因子的产生，诱导单核细胞衍生树突细胞MDDC激活，还可刺激骨髓来源树突状细胞（PBDC）的活化促进IFN-γ 和TNF-α 的分泌，这表明，RGP可诱导辅助细胞1（Th1）和Ⅰ类因子T细胞（Tc1）应答，Th1和Tc1应答有助于体液和细胞免疫，是靶向针对癌症和传染病的疫苗分子
巴戟天	巴戟天多糖可明显提高环磷酰胺诱导的免疫功能低下小鼠的免疫器官胸腺、脾脏指数，增强该小鼠腹腔巨噬细胞的吞噬能力、T淋巴细胞的转化能力。对梗阻性黄疸大鼠可升高T细胞的$CD4^+$水平，降低$CD8^+$水平，即升高$CD4^+/CD8^+$值，表明巴戟天多糖对免疫平衡功能有改善作用
杜仲	杜仲多糖可显著提高血清中IL-2、IL-4、IgG、IgM水平，说明杜仲多糖对人体非特异性免疫功能、体液免疫和细胞免疫具有明显作用。从而表明杜仲多糖主要通过提高机体免疫应答能力提高人体免疫功能
桑椹	在桑椹多糖对环磷酰胺诱导的免疫低下小鼠免疫功能的调节作用实验中，桑椹多糖中、高剂量组（0.5、1克/千克体质量）灌胃给药28天后，发现小鼠脾脏、胸腺指数升高，淋巴细胞的转化功能和抗体生成细胞的功能增强，桑椹多糖高剂量组的血清溶血素水平升高。表明桑椹多糖对环磷酰胺诱导的免疫低下模型小鼠具有免疫保护作用
金针菇	金针菇多糖具有辅助抑制肿瘤、增强免疫调节能力等作用。有关研究表明金针菇多糖对多种荷瘤小鼠均有明显的抑瘤活性；有增强固有免疫反应和适应性免疫反应的能力；还可促进小鼠免疫细胞产生多种免疫分子，调节免疫功能

注：IL，白细胞介素；TNF，肿瘤坏死因子；NF，核因子。

多糖成分——抗病毒的功效

• 多糖是如何抗病毒的

病毒是比细菌还小的微生物，病毒感染性疾病是人类常见疾病之一。现阶段研究发现，部分中药多糖能够直接抑制病毒的吸附，干扰病毒复制的过程，达到直接抑制病毒的目的。在新型冠状病毒感染的肺炎治疗上，中药对于早期的轻症患者显示较好的效果，黄芩、柴胡、赤芍、连翘、金银花等都在中医药治疗方案中有所体现。多糖的抗病毒作用在机制上主要分为五类：直接杀灭病毒、抑制病毒生物合成与增殖、阻碍病毒吸附与进入细胞、直接抑制病毒、对宿主进行免疫调节。

直接杀灭病毒

多糖通过携带的负电荷与病毒表面直接作用，从而抑制病毒的感染能力，或者直接杀死病毒，使其失去感染力。黄芪总多糖对人疱疹病毒（HSV-1HS-1）株直接杀灭、感染阻断、增殖抑制的半数致死量（ED50）为 4.03 微克 / 毫升、5.33 微克 / 毫升、4.90 微克 / 毫升，对 HSV-2333 株的相

黄芪多糖能直接杀灭病毒

应 ED50 为 6.04 微克 / 毫升、5.43 微克 / 毫升、7.50 微克 / 毫升。

由麒麟菜中提取的粗多糖以及纯化多糖 A2 组分对单纯疱疹病毒 HSV-1 的抗病毒效果均优于阿昔洛韦。

抑制病毒生物合成与增殖

多糖抗病毒可通过抑制病毒基因组转录和转录的修饰，抑制病毒基因组核酸的复制，以及抑制病毒蛋白质合成及转运来实现。钝顶螺旋藻多糖（PSP）抗单纯疱疹病毒活性的研究显示，以不同剂量的多糖分别作用于 HSV-1 及 HSV-2 病毒复制周期的各个环节，结果表明螺旋藻多糖对 Veto 细胞毒性极低，对 HSV-1 及 HSV-2 均无直接灭活作用，可阻滞 HSV-1 及 HSV-2 病毒吸附和抑制感染细胞内病毒的复制。随着 PSP 浓度及作用时间的增加，PSP 对 HSV-1 病毒 DNA 的抑制作用明显增强，具有良好的剂量和时效关系。

psp可抑制病毒复制

阻碍病毒吸附与进入细胞

细胞表面的受体是病毒感染过程的最初受体，如果多糖中含有能够与细胞表面的受体结合的类似结构，则多糖与该

GLP阻断病毒吸附

受体结合后，会使病毒无法与细胞表面蛋白质受体结合而阻碍病毒吸附或者进入细胞的途径。灵芝菌丝体中分离得到的多糖 GLP 通过阻断病毒感染细胞早期与细胞表面蛋白的吸附，实现抑制单纯疱疹病毒 I 型感染的作用。

直接抑制病毒

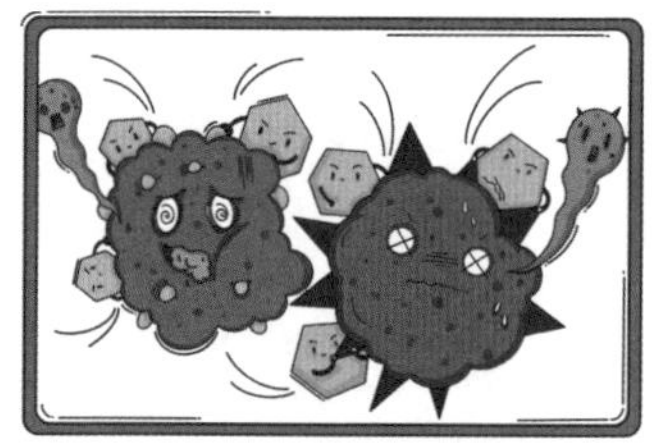
多糖与病毒直接结合使其失活

某些多糖中具有特殊结构，能与病毒直接进行结合，从而使病毒失活，一般采用改变多糖和病毒的加入方式判断其是否能够与病毒直接结合而达到抑制病毒的作用。

对宿主进行免疫调节

中药多糖更多的是通过调动机体免疫功能来达到抗病毒的效果。研究发现在注射流感疫苗时，增加香菇、银耳、茯苓三者复合多糖混合物，可以降低发病率，提高病毒清除率，

复合多糖提高机体免疫功能

机体受到感染后能够更快恢复。实验研究表明，复合多糖混合物的使用提高了病毒特异性血清抗体 IgG 的水平，同时降低了肺组织炎性细胞因子 IFN-γ 的水平，因此多糖混合物辅助疫苗的使用带来了更好的抗病毒功效。

- 多种具有抗病毒功能的药材 / 食材介绍

☆直接杀灭病毒：黄芪、葫芦、苹果

☆抑制病毒生物合成与增殖：螺旋藻、香菇

☆阻碍病毒吸附与进入细胞：灵芝、黄芪、银杏、岩藻、角叉菜

☆直接抑制病毒：甘草、马尾松

☆对宿主进行免疫调节：莓果、柴胡、板蓝根、灵芝、香菇、黄芪

（注：很多原料其实会在多种路径上作用，这种划分只是为了方便起见。）

知识小拓展

具有抗病毒功能的药材 / 食材

天然植物原料	抗病毒功能机制
黄芪	黄芪总多糖对人疱疹病毒（HSV-1HS-1）株直接杀灭、感染阻断、增殖抑制的半数致死量（ED50）为 4.03 微克 / 毫升、5.33 微克 / 毫升、4.90 微克 / 毫升
葫芦	葫芦总多糖及 4 种分级多糖均具有抗新城疫病毒（NDV）活性，其中对 NDV 的抑制作用及直接杀灭作用强于阻断作用
苹果	苹果多糖中含有半乳糖醛酸而使得苹果多糖显负电荷特性，能够与带正电荷的病毒直接结合，从而抑制病毒或者使其失去感染力
螺旋藻	钝顶螺旋藻多糖抗单纯疱疹病毒活性的研究显示，以不同剂量的多糖分别作用于 HSV-1 及 HSV-2 病毒复制周期的各个环节，对 HSV-1 病毒 DNA 的抑制作用明显增强，具有良好的剂量和时效关系
香菇	应用拉米夫定联合香菇多糖治疗的观察组疗效明显优于对照组，病毒复制得到抑制，肝功能得以改善
灵芝	灵芝多糖发挥抑制疱疹病毒感染作用是通过阻断病毒感染细胞早期与细胞表面蛋白的吸附来实现的
银杏	不同浓度的银杏外种皮多糖（GBEP）和新城疫病毒（NDV）同时加入细胞后，NDV 对 DF-1 细胞的吸附量极显著低于攻毒对照组；在病毒进入细胞后再加入不同浓度的 GBEP 也可极显著降低 NDV 在细胞内的增殖量
岩藻	岩藻多糖是流感病毒神经氨酸酶蛋白的受体之一，Fuc α 1 → 3 连接结构可以被 NA 蛋白识别。在寡糖水平上糖与蛋白的结合可能发生在非还原端
甘草	甘草多糖（GPS）对牛艾滋病病毒（BIV）有一定的抑制作用，抑制率为 36.2%；GPS 对腺病毒Ⅲ型（AdV Ⅲ）和柯萨奇病毒（CBV3）也有明显的抑制与直接灭活作用
马尾松	马尾松花粉多糖（TPPPS）是一种从泰山马尾松花粉中提取的天然多糖，能够通过阻断病毒对宿主细胞的吸附而在体外显著抑制 J 亚群禽白血病病毒（ALV-J）复制。电镜和阻断酶联免疫吸附试验表明，TPPPS 可能通过与 ALV-J 糖蛋白 85 蛋白相互作用而阻断病毒对宿主细胞的吸附
巴西莓	巴西莓多糖在体外能诱导骨髓细胞募集和 IL-12 的产生，表明巴西莓多糖成分具备诱导的固有免疫反应对抗病毒功能
柴胡	柴胡多糖对脂多糖（LPS）诱导的 TLR4 信号通路有调节和抑制作用，主要体现在可显著降低 LPS 诱导的 TLR4、CD14 表达及 NF-κB 磷酸化水平增高，提示柴胡多糖很可能通过影响并抑制 TLR4 信号通路而发挥其抗炎免疫作用
板蓝根	板蓝根多糖能够通过增强抗体的产生，调节细胞因子的释放，增强宿主的体液免疫和细胞免疫功能，保护宿主抵抗胞内菌的感染

多糖成分——治疗肿瘤的新希望

- 灵芝多糖的免疫调节功效

传说端午节时，白娘子受不了雄黄酒的力量，现出了原形，吓死了夫君许仙，恢复人形后的白娘子悲痛欲绝，发誓要救活丈夫。她听说峨眉山有一种仙草灵芝能让人起死回生，便不畏艰险，只身来到千里之外的峨眉山，盗得仙草灵芝救活了许仙。在我国古代传说中，居住在山中的神仙之所以长生不老，是因为他们每日以灵芝为食，有言道 “仙家数十万，耕田种灵芝，课计顷亩，如种稻状”。

灵芝是担子菌纲多孔菌科真菌赤芝和紫芝的干燥子实体，具有扶正固本等功效。因治愈万症，功能应验，灵通神效，故名灵芝，又名“不死药”，俗称“灵芝草”。《神农本草经》将其列为上品，曰：“赤芝益心气，补中，久食轻身不老延年神仙。”《本草纲目》记载久服灵芝能轻身、不老、延年。根据中医学阴阳五行学说，按照五色将灵芝分为赤芝、黑芝、青芝、白芝、黄芝，五类统称为五芝，此外还有紫芝。

古代野生的灵芝十分稀少，普通百姓即使采到了也没有福分消受，都上贡给朝廷了。因为灵芝是仙草，代表祥瑞，后来演变成了如意、祥云，成了宫廷文化的象征，较少作为药用或食用。正因如此，古代方书中很少用到灵芝。明代陈嘉谟在《本草蒙筌》中提到："六芝俱主祥瑞……世所难求，医绝不用。"直至 20 世纪 70 年代，我国人工种植灵芝获得成功，极大地促进了灵芝产业的发展，各种灵芝产品让昔日的神药仙草终于走进了寻常百姓家。

灵芝中主要含有多糖类、三萜类、生物碱类和核苷类、氨基酸和蛋白质类、微量元素等成分，其中很多是生物活性成分，具有免疫调节、抗肿瘤、抗氧化等功效。灵芝的免疫调节作用已在学术界达成共识，如促进抗原递呈细胞增殖、分化及其功能；增强单核 - 巨噬细胞与 NK 细胞的吞噬功能；增强体液免疫和细胞免疫功能；在各种原因引起的免疫功能低下时，灵芝还能使各种原因所致免疫功能障碍恢复正常。灵芝的免疫调节作用是中医"扶正固本"治则之一。

- 灵芝的抗肿瘤功效

灵芝的抗肿瘤作用一直是国内外瞩目的研究课题，主要是研究灵芝及其有效成分对动物移植性肿瘤的抑制作用，并在体外培养的肿瘤细胞上观察其作用、探索其机制。

自 20 世纪 70 年代至今，大量的研究报告指出，灵芝水提取物和灵芝多糖体内给药对动物移植性肿瘤有显著的抑制作用。对灵芝多糖的肿瘤抑制作用机制研究发现，这个过程是通过促进免疫监视的免疫调节作用实现的。灵芝多糖抗肿瘤作用的免疫学机制，可能是通过促进免疫细胞的增殖与分化，增加效应免疫细胞的数量，达到抗肿瘤作用的。

但也有研究表明，灵芝水提取物和灵芝多糖对体外培养的肿瘤细胞并不能直接抑制或杀死，也就是说它们无细胞毒作用。

综上所述，灵芝中多糖等有效成分是通过多途径抑制肿瘤细胞的，抗肿瘤的作用机制可能是通过免疫增强作用提高机体抗肿瘤免疫力；抑制肿瘤细胞的移动、黏附，促进肿瘤细胞的分化；抑制肿瘤血管新生；逆转肿瘤细胞对抗肿瘤药物的多药耐药性。

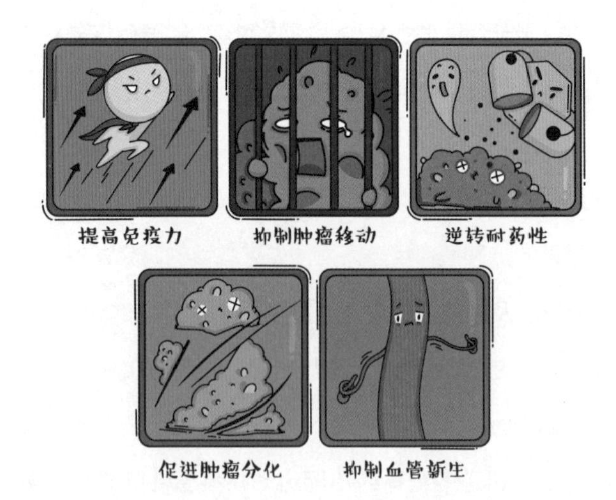

- 具有肿瘤抑制作用的其他多糖成分

药食同源物质中具有肿瘤抑制作用的多糖成分

功能	药食同源物质	抗肿瘤机制
防癌	甘草	抑制癌细胞的增殖、上调抗癌作用细胞因子 IL-7 表达 2 倍以上、通过免疫调节发挥抗肿瘤作用
	玫瑰	富含不同多糖的提取物对 A549 肺癌细胞系和 SW480 结肠癌细胞系具有抑制促炎酶（COX-1、COX-2、透明质酸酶）、清除自由基（抗 DPPH 和 $ABTS^+$）和抑制增殖活性的能力
	马齿苋	马齿苋多糖通过刺激 TLR4-PI3K / AKT-NF-κB 信号通路抵御肠道 DC 细胞凋亡，肠道 DC 存活明显增加，发挥抗肿瘤活性
	黄芪	抑制 $CD4^+$ $CD25^+$ 调节性 T 细胞的增殖，促进树突细胞的成熟，调节 Thl/Th2 亚群的失衡，调节红细胞系的分化，增强巨噬细胞的细胞静态活性。黄芪多糖被广泛用于治疗乳腺癌，通过提高免疫应答发挥抗肿瘤效果，增加巨噬细胞产生一氧化氮、IL-1β、IL-6 和 TNF-α
	白术	白术多糖能够增加 MHC Ⅱ 和 IL-12 在树突状细胞和巨噬细胞中的表达水平，增加瘤体组织中 $CD8^+$ 细胞、NK 细胞数量，显著增加 $CD4^+$ 及 $CD8^+$ 细胞分泌 IFN-γ 的能力，从而抑制肿瘤生长
控癌	枸杞	枸杞多糖 LBP3 在枸杞总多糖中具有最高的抗肿瘤活性，可以减少化疗剂多柔比星（Dox）在杀死肝癌细胞过程中造成的免疫毒性和心脏毒性，可恢复化疗造成的体重降低、改善外周血淋巴细胞数，促进骨髓细胞周期的恢复，恢复自然杀伤细胞的免疫功能，增强 Dox 对肿瘤细胞的杀伤性
	人参	口服人参水提物通过 IFN-γ 介导激活 NK 细胞，增加 NK 细胞毒性作用，抑制肿瘤细胞生长，降低化疗毒副作用
	竹荪	竹荪多糖促进免疫细胞增殖，缓解前列腺肿瘤相关成纤维细胞（CAFs）对免疫细胞的抑制，下调髓源性抑制细胞，减少辐射对免疫细胞的损伤，抑制肿瘤细胞增殖
	牛膝	牛膝多糖可以上调树突状细胞表面分子 CD80、CD86 及 CD40 的表达，诱导其成熟与分化，促进 TNF-α、IL-12、、IL-10 及 IL-1β 等细胞因子的分泌，产生特异性抗肿瘤效应

常见中药中具有肿瘤抑制作用的多糖成分

功能	中药	抗肿瘤机制
防癌	东北红豆杉	红豆杉多糖对人宫颈癌细胞（Hela）的抗肿瘤作用最强，其 IC50 值为 89.9 克 / 毫升，对 Hela 细胞表现出较好的 α 葡萄糖苷酶抑制活性和抗肿瘤能力
	沙姜	体内抗肿瘤试验表明，沙姜多糖能够有效地保护荷瘤小鼠的胸腺和脾脏不受固体肿瘤侵袭，提高 $CD4^+$ T 细胞的免疫调节能力，加强 $CD8^+$ T 细胞和自然杀伤细胞的细胞毒性效应，实现对 H22 实体瘤的抑制作用
	丝状微藻	丝状微藻多糖的抗癌活性主要是诱导细胞凋亡，而不影响 HepG2 细胞的周期和有丝分裂，抗癌活性具有显著的剂量依赖性
	黄芩	黄芩多糖能增加血清中 IgG、IgA、IgM、补体，增加溶菌酶活性，对肝癌生长有显著抑制作用
	绞股蓝	绞股蓝多糖通过提升自然杀伤细胞活性、淋巴细胞增殖能力、巨噬细胞吞噬功能以及 IFN-γ、IL-2、TNF-α 水平和 $CD4^+$、$CD8^+$ 细胞水平，抑制荷瘤小鼠肿瘤生长
	艾叶	艾叶多糖激活胱天蛋白酶 3、8 和 9，剂量依赖性地诱导线粒体膜电位去极化和 BCL-2 表达下调，抑制乳腺癌细胞的生长
控癌	肉苁蓉	肉苁蓉多糖可以解除髓源性抑制细胞（MDSCs）对 T 细胞增殖的抑制作用，发挥改善肿瘤微环境的作用，增加 NK 细胞和 IL-2 的活性，显著提高巨噬细胞吞噬及分泌功能，活化巨噬细胞
	柴胡	柴胡多糖降低 IL-1、IL-6 和肿瘤坏死因子 -α 的 mRNA 丰度，丙二醛浓度降低，氧化物歧化酶（MnSOD）活性提高，减轻肠道炎症

知识小拓展

免疫系统与防癌

免疫系统在预防肿瘤发生过程中有3个主要作用。首先是免疫防御，通过消除或抑制病毒感染保护宿主，对抗病毒引起的肿瘤。第二是免疫监视，特异性地识别和消除肿瘤细胞。第三是免疫自稳，通过清除病原体和快速消解炎症，防止有利于肿瘤发生的炎症环境形成。

既然免疫系统能清除潜在的癌变细胞，那么患者体内的肿块为什么没有被免疫系统消灭掉呢？从免疫的角度对肿瘤发生、发展的认识有一个**肿瘤免疫编辑理论**，是指适应性和固有免疫系统控制肿瘤生长和塑造肿瘤免疫原性的过程。此过程包括3个阶段：清除（elimination）、平衡（equilibrium）和逃逸（escape）。

清除，是指适应性和固有免疫系统识别和杀灭新形成的癌细胞的过程，大部分肿瘤细胞在此阶段被消灭，少数肿瘤组织不能被免疫系统完全消灭进入下一阶段。

平衡阶段，包括防止肿瘤生长和塑造少量瘤细胞的免疫原性之间的平衡状态。肿瘤组织在此阶段不断“试错”，最终导致部分肿瘤细胞拥有免疫逃逸机制。

在逃逸阶段，免疫原性最弱的肿瘤细胞逐渐生长并扩散为可见的肿瘤。从此“逍遥法外，无法无天”，威胁人体健康。

免疫系统与控癌

如果已经患有肿瘤，如何控制肿瘤增长、抗肿瘤治疗后如何减少复发成为关键。

让我们先了解一下肿瘤所处的环境。肿瘤微环境是一个动态的网络，它由肿瘤细胞、免疫细胞、成纤维细胞、内皮细胞、细胞外基质、细胞因子、趋化因子和受体组成。每一个因素都能够促进恶性转化，支持肿瘤的生长和侵袭。

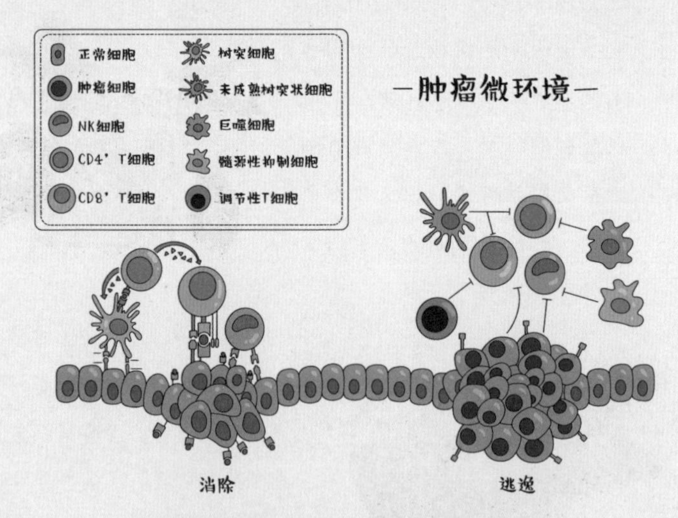

肿瘤微环境中肿瘤细胞与免疫细胞及细胞因子发生多种相互作用

例如肿瘤会通过诱发免疫抑制，逃脱监管。主要表现为肿瘤诱导产生免疫抑制细胞（调节性T细胞、肿瘤浸润巨噬细胞和髓源性抑制细胞等）和肿瘤细胞分泌免疫抑制因子（TGFβ、IL-10、PGE2和VEGF等）。免疫力的提升，不仅是康复的需要，更是预防癌症再次复发的关键。

复合多糖能发挥1+1 > 2的作用吗

复合多糖是指两种或两种以上多糖组分的混合物。这种复合不是随意的混合多糖，而是有意识有目的地将不同功效的几种多糖进行组合。例如比较常见的是从中医学理论指导

下中药方剂配伍的各味中药中提取的多糖组合，这种组合是依据方剂组成的药材和比例，分别提取各药材多糖后进行混合；另外，也可以现代实验为基础，根据具体的功效目的，将活性较高、功效互补的中药多糖进行一定比例的混合。

复合多糖并非简单地将几种不同的多糖进行叠加，其原

理与中药方剂君、臣、佐、使的配伍原则有异曲同工之妙。人体免疫系统生理运转机制是十分复杂的，免疫调节更是需要免疫器官、免疫细胞和免疫分子协同作用。这时采用复合多糖，使多种多糖在不同作用机制上起效，提高不足部分，抑制过强部分，彼此互补平衡，协同提高机体免疫力，才更有利于维护免疫系统的健康。

异曲同工

香菇多糖、银耳多糖、茯苓多糖、虫草多糖、竹荪多糖均具有免疫增强作用。研究发现，由上述多糖按照一定比例组成的复合多糖能够促进免疫低下动物抗体生成，提高 T 细胞及 B 细胞的分化成熟，复合多糖的作用效果优于单一多糖，可见复合多糖具有更好的免疫增强作用。香菇多糖、茯苓多糖、银耳多糖三者混合后，相较于单一多糖而言，复合多糖在调节 IL-6 分泌、促进 T 细胞增殖作用方面显著，按照不同的比例将 3 种多糖进行组合，被机体利用的活性部位可能会增加，也更容易被机体所吸收。

第七章

不同人群的免疫调养重点

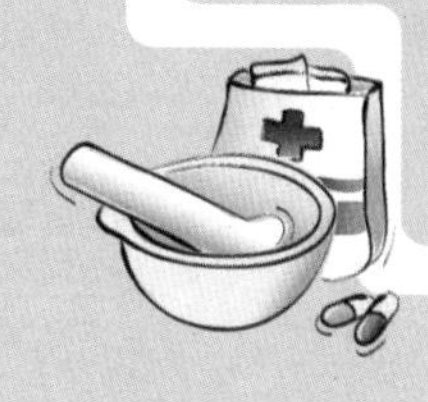

在人的一生中，不同年龄阶段机体的免疫力也不同。各年龄阶段影响免疫力的因素在变化，因此我们关注的重点也要适时地变化。儿童免疫系统发育尚未成熟，功能并不完善，容易受到病原体的威胁；中青年人免疫系统提供的保护变强，但是由于生活节奏快、压力大，加上饮食不规律，影响了免疫系统的正常功能；当步入老年，很多人患有糖尿病、高血压等慢性疾病，这些都会降低免疫功能。因此只有了解不同人群各自特点，才能找到适合的方法来改善免疫力。

少年儿童

儿童处于生长发育时期，其免疫功能还在发育阶段，尚未发育成熟。有些孩子挑食厌食造成营养不良，再加上课业压力大以及缺乏运动，这些都会进一步降低儿童免疫力。

- 儿童期营养不良让免疫系统很受伤

儿童时期的营养不良可能会对孩子造成一生的影响。研究表明，营养不良的发生年龄越小，远期影响越大，孩子的认知能力和抽象思维能力容易发生缺陷。而大量统计数据也表明，营养不良的儿童更容易受到病毒、病菌等多种病原体的感染，出现严重的病症。例如一项在荷兰进行的研究表明，维生素 D 水平偏低的新生儿在一岁前发生下呼吸道病毒感染的风险要显著高于维生素 D 水平正常的新生儿。同时，营养不良也会导致胃肠道疾病的发生率增加，胃肠道的疾病又会进一步导致营养吸收出现障碍，加重营养不良。

儿童时期营养不良导致认知能力和抽象思维能力缺陷、更易受到感染以及胃肠道疾病。

因此，要注意食物多样化，保证谷物、蔬菜、肉类、奶制品等的充足摄取。鼓励儿童多吃水果、蔬菜，避免挑食、厌食，注意饮食搭配，全面摄入各种营养，避免营养不良和营养过剩。

- 适量运动对少年儿童免疫的重要性

对于少年儿童来说，合理的运动可以促进骨骼发育、改善血液循环、提升心肺功能，拥有更高的个子、更壮的身体。

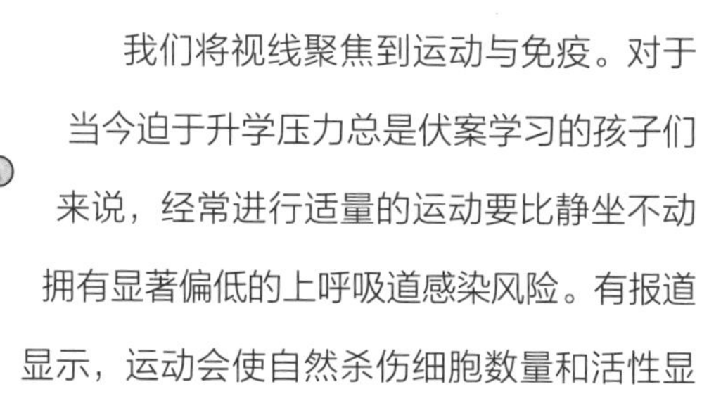

我们将视线聚焦到运动与免疫。对于当今迫于升学压力总是伏案学习的孩子们来说，经常进行适量的运动要比静坐不动拥有显著偏低的上呼吸道感染风险。有报道显示，运动会使自然杀伤细胞数量和活性显著增加，还能够减少炎症因子、增加抗炎因子，减少过敏、哮喘等疾病的发生。

中青年

中青年时期免疫系统所提供的保护最强。但是在现代生活中，工作压力大、作息不规律，再加上不健康饮食，都在削弱免疫系统的保护能力。

- 生活的正常节律性莫打乱

经常性加夜班、频繁地倒时差、习惯于深夜工作，这对于很多现代人来说非常常见，大家绝对想不到这些都是导致昼夜节律紊乱的因素。

德国图宾根大学的 Stoyan Dimitrov 博士及其团队在《Journal of Experimental Medicine》上发表了他们的研究成果：睡眠紊乱会破坏人体内肾上腺素等的昼夜节律，导致其水平异常升高，抑制 T 细胞对靶标的黏附能力，T 细胞和抗原结合受到影响。多项临床研究显示，缺乏睡眠还会使自然杀伤细胞的数量减少，白细胞介素 IL-2 水平降低，上调 TNF-α、IL-1、IL-6 等炎症因子。因此昼夜节律紊乱会导致免疫功能异常，削弱机体抗病能力。

在快节奏的生活中，要养成良好的睡眠习惯，营造舒适的睡眠环境，早点放下手机，减少熬夜，规律作息，保证充足的睡眠时间，才能保护好我们的免疫系统。

- 心理因素对免疫功能有很大影响

现代医学研究注意到情绪等心理因素会对人体的免疫功能产生影响。1919 年，有西方学者发现慢性结核病患者一旦遭遇情感挫折，机体对结核杆菌的吞噬能力就会下降。研究心理活动、神经活动和免疫系统之间相互作用的心理神经免疫学日渐受到人们重视。

有研究者指出，患有银屑病、斑秃等与自身免疫相关的皮肤病患者，往往会在精神紧张时发病或者病情加重。影响巨大的生活事件，如配偶死亡、失业、参加考试、生育等事件的发生，则有可能导致患者免疫指标发生改变，包括外周循环淋巴细胞数、淋巴细胞比例等指标。在癌症患者中，长期的消沉情绪不利于治疗进行，可能促进癌症死亡率的升高。

找到一种适合自己的减压方式，时常放松自己紧绷的神经，拥有更加健康的心境，就会拥有更加健康的身体。

- 肥胖者免疫系统的悄然变化

步入中年之后，随着年龄的增长，基础代谢率下降，活动量也大不如前，再加上摄入太多高能量食品，容易造成中年发福。2016 年著名医学杂志《The Lancet》发表报告，调查显示中国已经超越美国成为全球肥胖人口最多的国家。

肥胖影响的不仅仅是外观、活动能力和自信，它对身体健康的负面影响也是多方面的。与体型苗条的人相比，肥胖者的白细胞计数和分类计数都存在一定的变化，单核细胞的吞噬作用也发生了改变。更重要的是，他们外周血中的单核细胞表现出促炎状态，还有一些肥胖症患者的免疫细胞活性出现了下降。肥胖者通常会面临更高的感染风险、更凶险的术后并发症、更高的死亡率，这都会大大影响肥胖者的生存质量和寿命。

因此，合理饮食，限制高能量食物摄入，加强体育锻炼，提高新陈代谢，增加能量消耗，改善体型的同时，也能提高抵抗力。

老年人

老年人的免疫系统有其独有的特点。当机体衰老时胸腺萎缩，新生的淋巴细胞减少。虽然体内记忆细胞增加，但是这些疲惫的记忆细胞功能是下降的，产生抗体能力不足。因此老年人抗感染能力下降。与此同时老年人往往患有糖尿病、高血压等常见慢性病，也会对免疫系统造成影响。例如，糖尿病患者体内 IL-1β 和 IL-6 升高，导致多种并发症，还会进一步加剧胰岛素抵抗。

- 不合理饮食易导致老年人营养不良

随着人均寿命的延长，老年人营养不良正在成为一个越来越突出的问题。有研究者对上海市 1300 名老人进行调查，结果显示其中 60% 的老年人膳食结构欠合理。

老年人营养不良状况的成因较为复杂。随着年纪增大，人的食欲、咀嚼能力、消化吸收能力都会出现一定程度下降，导致无法满足人体的营养需求。而一些老年人因为本身存在慢性疾病需要长期用药，有些药物会导致恶心呕吐、味觉和嗅觉下降，或者会阻碍食物的正常吸收，甚至有些会造成腹泻，导致水盐代谢紊乱。这些都会造成老年人营养不良，进而影响身体正常的免疫功能。

要预防老年人营养不良，首先需要纠正不合理的饮食习惯，摄入适量的优质蛋白质，例如鸡肉、鱼肉、蛋类等，相较而言，猪肉的脂肪含量过高，并不是最优的食物，因此要适量食用。其次，注意口腔护理，选用舒适的假牙。另外，多关注老年人的心理健康，多陪伴、多交流能够改善老年人的不良情绪，也有利于形成良好的进食习惯。如果药物引起的不良反应加重了营养不良，既不可私自停药，也不能放之不管，应当及时就医，与医生商讨改善用药方案，并积极改善营养状况。

预防老年人营养不良的几种方法

摄入适量的优质蛋白质

注意口腔护理

关注老年人的心理健康

遵照医嘱服用药物

- 长期用药带来的副作用

高血压、糖尿病、高血脂、痛风等慢性疾病的发病率逐年上升，不少人都需要长期服用药物来控制病情。但是长期服药的情况下，药物的副作用很难完全避免。例如调控血脂的经典药物阿托伐他汀就可能产生鼻咽炎、关节痛、腹泻等不良反应。

众所周知，肝和肾是人体的代谢器官，药物要经过肝肾处理被人体代谢或者排出体外，经常服药易造成肝肾功能衰退。

此外，有的药物在使用后还会对免疫系统造成不良影响。例如引起过敏反应，可表现为药疹，像有的痛风患者在使用别嘌呤醇后产生皮疹，导致瘙痒并进一步发展为荨麻疹。

因此，面对众多副作用风险，建议广大老年朋友在配合必需药物治疗的同时，也要保持心情愉悦，保证营养均衡，进行适度运动，辅助改善免疫功能。

患者

人容易生病，在很大程度上与人的免疫功能低下有关。不管在什么时候，我们都需要强有力的免疫力提供保障。一旦患病，病愈之后往往需要很长一段时间来恢复，这期间可能经常感冒或者感到疲倦，这也都是免疫力低下的表现。

还有一些人不幸罹患癌症，需要使用化疗药物。化疗药中大多数为非特异性药物，不仅能杀死癌细胞，还会破坏骨髓造血干细胞，使造血功能受损，引发骨髓抑制，进一步引起贫血和抗感染能力下降等严重不良反应。除了化疗药物的毒副作用，肿瘤患者在治疗过程中可能还会遇到放射性光线的照射、手术创伤、心理压力、焦虑等，这些都会影响机体的免疫功能，造成免疫力下降。

所以对患者来说，如何改善免疫力，帮助机体恢复，提升抗病能力就变得更为重要。

参考文献

[1] Balachandran VP, Łuksza M, Zhao JN, et al. Identification of unique neoantigen qualities in long-term survivors of pancreatic cancer[J]. Nature, 2017, 551(7681): 512-516.

[2] Ewen Callaway. Nobel announcement marred by winner's death. Nature, 2011, 478: 13-14.

[3] Zhang HM, Bai MH, Wang Q. Development, Reliability and Validity of Traditional Chinese Medicine Health Self-Evaluation Scale (TCM-50)[J]. Chin J Integr Med, 2017, 23(5): 350-356.

[4] Mensah F K F, Bansal A S, Ford B, et al. Chronic fatigue syndrome and the immune system: Where are we now?[J]. Neurophysiologie Clinique/Clinical Neurophysiology, 2017, 47(2): 131-138.

[5] Morris G, Anderson G, Maes M. Hypothalamic-Pituitary-Adrenal Hypofunction in Myalgic Encephalomyelitis (ME)/Chronic Fatigue Syndrome (CFS) as a Consequence of Activated Immune-Inflammatory and Oxidative and Nitrosative Pathways[J]. Molecular neurobiology, 2017, 54(9): 6806-6819.

[6] Larouche, Jacqueline, et al. Immune regulation of skin wound healing: mechanisms and novel therapeutic targets[J]. Advances in wound care, 2018, 7(7): 209-231.

[7] M. 克林克编，刘世利等译. 肿瘤细胞免疫——免疫细胞和肿瘤细胞的相互作用[M]. 北京：化学工业出版社.2017 年第一版.

[8] Kim R, Emi M, Tanabe K. Cancer immunoediting from immune surveillance to immune escape[J]. Immunology, 2007, 121(1): 1-14.

[9] 孙思邈. 千金方[M]. 四川：四川大学出版社. 2014 年第一版.

[10] Kang S, Min H. Ginseng, the 'Immunity Boost': The Effects of *Panax ginseng* on Immune System[J]. J Ginseng Res., 2012, 36(4):354–368.

[11] LEE KY, YOU HJ, JEONG HG, et al. Polysaccharide isolated from *Poria cocos* sclerotium induces NF-kappaB/Rel activation and iNOS expression through the activation of p38 kinase in murine macrophages[J]. International immunopharmacology, 2004, 8(8):1029-1038.

[12] Shin M S, Park S B, Shin K S. Molecular mechanisms of immunomodulatory activity by polysaccharide isolated from the peels of *Citrus unshiu*[J]. International journal of biological macromolecules, 2018, 112: 576-583.

[13] Gao Y , Tang W , Dai X , et al. Effects of Water-Soluble Ganoderma lucidum Polysaccharides on the Immune Functions of Patients with Advanced Lung Cancer[J]. Journal of Medicinal Food, 2005, 8(2):159–168.

[14] Liu S P , Dong W G , Wu D F , et al. Protective effect of *angelica sinensis* polysaccharide on experimental immunological colon injury in rats[J]. World J Gastroenterol, 2003, 9(12):2786–2790.

[15] Sheng R, Xu X, Tang Q, et al. Polysaccharide of radix pseudostellariae improves chronic fatigue syndrome induced by poly I: C in mice [J]. Evidence-Based Complementary and Alternative Medicine, 2011: 840516.

[16] Danfei Huang, Shaoping Nie, Leming Jiang, Mingyong Xie. A novel polysaccharide from the seeds of *Plantago asiatica* L. induces dendritic cells maturation through toll-like receptor 4[J]. International Immunopharmacology, 2014, 18(2):236–243.

[17] Wang, Yuhua, et al. Rehmannia glutinosa polysaccharide promoted activation of human dendritic cells[J]. International journal of biological macromolecules, 2018, 116 : 232–238.

[18] Zhang, Qian, et al. Effect of edible fungal polysaccharides on improving influenza vaccine protection in mice[J]. Food and Agricultural Immunology, 2017, 28 (6): 981–992.

[19] Yu C, Wei K, Liu L, et al. Taishan *Pinus massoniana* pollen polysaccharide inhibits subgroup J avian leucosis virus infection by directly blocking virus infection and improving immunity[J]. Sci Rep., 2017, 7:44353.

[20] Jeff Holderness, Igor A. Schepetkin, Brett Freedman, et al. Polysaccharides Isolated from Açaí Fruit Induce Innate Immune Responses[J]. Plos One, 2011, 6.

[21] Deng X, Luo S, Luo X, et al. Fraction From *Lycium barbarum* Polysaccharides Reduces Immunotoxicity and Enhances Antitumor Activity of Doxorubicin in Mice[J]. Integrative Cancer Therapies, 2018, 17(3): 860–866.

[22] Ayeka PA, Bian Y, Mwitari PG, et al. Immunomodulatory and anticancer potential of Gan cao (*Glycyrrhiza uralensis* Fisch.) polysaccharides by CT-26 colon carcinoma cell growth inhibition and cytokine IL-7 upregulation in vitro[J]. BMC Complement Altern Med, 2016, 16:206.

[23] Olech M, Nowacka-Jechalke N, Masłyk M, et al. Polysaccharide-Rich Fractions from *Rosa rugosa* Thunb.-Composition and Chemopreventive Potential[J]. Molecules, 2019, 24(7):1354.

[24] Zhao R, Shao X, Jia G, et al. Anti-cervical carcinoma effect of *Portulaca*

oleracea L. polysaccharides by oral administration on intestinal dendritic cells[J]. BMC Complement Altern Med., 2019, 19(1):161.

[25] Takeda K, Okumura K. Interferon– γ –mediated natural killer cell activation by an aqueous Panax ginseng extract[J]. Evidence–Based Complementary and Alternative Medicine, 2015: 603198.

[26] Zhou L, Liu Z, Wang Z, et al. Astragalus polysaccharides exerts immunomodulatory effects via TLR4–mediated MyD88–dependent signaling pathway in vitro and in vivo[J]. Scientific Reports, 2017, 7: 44822.

[27] Jiang P, Zhang Q, Zhao Y, et al. Extraction, Purification, and Biological Activities of Polysaccharides from Branches and Leaves of *Taxus cuspidata* S. et Z. [J]. Molecules, 2019, 24(16): 2926.

[28] Yang X, Ji H, Feng Y, Yu J, Liu A. Structural Characterization and Antitumor Activity of Polysaccharides from *Kaempferia galanga* L.[J]. Oxid Med Cell Longev., 2018:9579262.

[29] Chen X, Song L, Wang H, et al. Partial Characterization, the Immune Modulation and Anticancer Activities of Sulfated Polysaccharides from Filamentous Microalgae *Tribonema* sp.[J]. Molecules, 2019, 24(2):322.

[30] Li L, Xu X, Wu L, et al. Scutellaria barbata polysaccharides inhibit tumor growth and affect the serum proteomic profiling of hepatoma H22–bearing mice[J]. Mol Med Rep, 2019, 19(3):2254–2262.

[31] Shiping Bai, Chao He, Keying Zhang, et al. Effects of dietary inclusion of *Radix Bupleuri* and *Radix Astragali* extracts on the performance, intestinal inflammatory cytokines expression, and hepatic antioxidant capacity in broilers exposed to high temperature [J]. Animal Feed Science and Technology, 2020, 259:114288.

[32] Sarath VJ, So CS, Won YD, et al. Artemisia princeps var orientalis induces apoptosis in human breast cancer MCF–7 cells[J]. Anticancer Res., 2007, 27(6B): 3891–3898.

[33] Boas SR, Joswiak ML, Nixon PA, et al. Effects of anaerobic exercise on the immune system in eight–to seventeen–year–old trained and untrained boys[J]. The Journal of pediatrics,1996, 129 (6): 846–855.

[34] Carlsson E, Ludvigsson J, Huus K, et al. High physical activity in young children suggests positive effects by altering autoantigen–induced immune activity[J]. Scandinavian journal of medicine & science in sports, 2016, 26(4): 441–450.

[35] Irwin M1, McClintick J, Costlow C, et al. Partial night sleep deprivation red uces natural killer and cellular immune responses in humans[J]. FASEB J, 1996, 10(5):

643–653.

[36] Castelo–Branco, Camil, Iris Soveral. The immune system and aging: a review[J]. Gynecological Endocrinology, 2014, 30(1): 16–22.

科学调养免疫力
享受健康美好生活